新型职业农民培育系列教材

花椒与花椒芽菜高效生产技术

◎ 路世竑 闫书耀 主编

中国农业科学技术出版社

图书在版编目（CIP）数据

花椒与花椒芽菜高效生产技术／路世竑，闫书耀主编 . —北京：中国农业科学技术出版社，2017.12

ISBN 978-7-5116-3437-5

Ⅰ.①花… Ⅱ.①路…②闫… Ⅲ.①花椒-高产栽培 Ⅳ.①S573

中国版本图书馆 CIP 数据核字（2017）第 321143 号

责任编辑	白姗姗
责任校对	贾海霞

出 版 者	中国农业科学技术出版社
	北京市中关村南大街 12 号　邮编：100081
电　　话	（010）82106638（编辑室）　（010）82109704（发行部）
	（010）82109709（读者服务部）
传　　真	（010）82106650
网　　址	http://www.CASTP.cn
经 销 者	各地新华书店
印 刷 者	北京富泰印刷有限责任公司
开　　本	850mm×1 168mm　1/32
印　　张	4.25
字　　数	106 千字
版　　次	2017 年 12 月第 1 版　2017 年 12 月第 1 次印刷
定　　价	22.00 元

前　　言

　　花椒原产于中国，其栽培历史长达 3 000 多年。它属落叶灌木或小乔木，极适合于山地、丘陵、梯田及庭院栽培，具有易栽培、好管理、结果早、价值高的特点。不仅是绿化山坡和发展庭院经济的好树种，更是椒农们的"摇钱树"。特别是近年来，人们在生产一线持续不断地对花椒芽菜栽培技术进行反复的试验、改进和完善，逐步形成了适合大田推广、便于集约化栽培、规模化生产、标准化操作的花椒芽菜生产集成技术体系，从而带动了以花椒芽菜为原料的系列产品开发。这进一步延长了花椒产业链条，拓宽了花椒产业开发的深度和广度，使得花椒产业成了农村经济名副其实的支柱产业，也是贫困地区脱贫致富的重要途径之一。

　　本书作者针对花椒及花椒芽菜产业发展现状，以培育新型职业农民为大局，以简明、实用、可操作性为原则，结合多年的工作经验，对花椒栽培和花椒芽菜生产两个方面的集成技术进行了系统简述。内容大致可分为三部分：一是对花椒坡园栽培相关技术进行了较为系统的介绍；二是对花椒芽栽培集成生产技术进行细致叙述；三是对微喷节水式花椒芽菜生产技术进行详细的介绍。作为新型职业农民培训的教材，该书对从事花椒栽培及花椒芽生产者是不可多得的助手，对从事花椒及花椒芽菜研究人员也具有一定的参考作用。因大量的数据和资料主要来源于山西省及晋东南地区花椒产区，无疑对于其他地方的花椒及花椒芽菜生产也有很高的参考价值，只是要因地制宜，适地适法地加以使用，切忌生搬硬套而已。

虽然编者为该书的编撰尽心竭力，付出了大量的劳动，但因花椒生产技术日新月异，加之水平有限、资料局限、时间仓促，书中的局限、不足，甚至错误在所难免，借此欢迎各位不吝批评指正！遗憾的是，花椒机械化采摘技术至今未能成熟，那就且以本书抛砖引玉，期待这项技术早日成功，以解决椒农的采摘之苦、提高采摘效率、保护椒农生产安全，以期花椒及花椒芽菜栽培技术的日臻完善。

本书在编写过程中得到了专家学者、同行前辈、生产一线技术人员和广大椒农们的鼎力支持，在此一并表示最诚挚的感谢！并真诚恳请各位读者批评指正，共同为我国的花椒产业尽一份力量！

编　者
2017 年 11 月 20 日

目　　录

第一部分　花椒生产技术

第二部分　花椒芽菜生产技术

第一部分　花椒生产技术

第一章　花椒栽培集成技术

花椒在我国的栽培历史悠久。早在 3 000 多年以前，就已有关于花椒栽培的记述，《诗经·唐风·椒聊》载："椒聊之实，蕃衍盈升，彼其之子，硕大无朋，椒聊且，远条且"。明代著名医药学家李时珍在《本草纲目》中说："秦椒，花椒也，始产于秦。今处处可种，最易蕃衍"。它是一种速生早生，适应性强，管理简单，经济效益高的树种，属于芸香科花椒属。产花椒果实作为调味品使用，由于其风味独特而深受人们的喜爱，也是一种生食药理和工业兼用树种。

花椒野生于秦岭和泰山两山脉海拔 1 000 米以下地区。现在我国除东北、内蒙古自治区（以下称内蒙古）等少数地区外，各地广泛栽培，以山东、河北、山西、陕西、甘肃、四川、河南等省为多。多栽培于低山丘陵、梯田地埂、庭院周围。在山西省除个别老产区有小片花椒林外，多为零星栽植。20 世纪 60 年代以来，尤其是 80 年代以来，花椒生产有了很大的发展，不少地方营建了坡地椒园，由过去的粗放经营转向了集约经营，花椒产量增长很快。据山西省统计资料，2000 年全省花椒（干椒）产量达 257.2 万千克，居全国第三位。全省共有 15 个县年产干椒 5 万千克以上，年产量居全国前 20 名的县有平顺、芮城等。

花椒种子的含油量达 7.8%~19.5%，出油率高，其油既可以食用，又可作油漆、肥皂、润滑油的原料。花椒的根、茎、叶,果皮种子均可入药,其提取物还可作生物农药,用于防治菜心虫等。果皮含芳香油4%~9%,果皮是调味佳品,还可作食品添加剂。

第一节 花椒产业的发展前景

一、花椒的经济价值

花椒的果皮、种子、叶、树皮和木材都有特殊需要用途。

果皮味香麻,是很好的调料,芳香油含量高达4%~9%,提取后经精制处理,可作调制香精的原料。花椒作为调味品,能去腥膻,开胃增食,麻香宜人,风味别致,实为调味佳品,在我国人民生活中占有相当重要的地位。入药有温中散寒、燥湿杀虫、行气止痛、坚齿及促进食欲等功效,可治积食停饮、心腹冷痛、呕吐、咳嗽气逆、风寒湿痹、泄泻、痢疾、疝痛、齿痛、蛔虫病、蛲虫病、阴痒、疮疥等。花椒还可以用来防治仓储害虫。

种子可以榨油,含油率25%~30%,一般出油率22%~25%,含蛋白质14%~16%,粗纤维28%~32%,非氮物质20%~25%,灰分5%左右。属干性油类,黄色或黄棕色,具有花椒特有的麻香味,可食用。工业上用于制滑润剂、油漆、肥皂等。榨油后的油饼可作饲料和肥料。

花椒的嫩枝幼叶具有特殊的麻香味,腌食或炒菜,均有丰富的营养和独特的风味。叶可提取芳香油,还可入粮仓防治害虫。

树皮可磨粉药用。花椒的木材,质地坚硬,纹理美观,可做手杖,雅观别致,还可做伞柄及各种小器具。果实易于贮藏运输。

花椒不仅是一个很好的经济林树种,而且枝繁叶密,姿态优美，金秋成熟，果红如火，若满树繁花，植于庭院、广场、建筑物周围，不仅形态美、色彩美，而且芳香宜人，具有较好的观赏价值。同时花椒枝条有刺，牲畜不糟蹋，耐修剪，可栽作绿篱，既美化环境，又可增加收益。

二、花椒栽培产业综合效益明显

由于花椒根系发达，耐干旱，耐贫瘠，抗逆性，不仅是丘陵山地营造阳坡经济林的一个很好的树种，也是干石山区进行荒山绿化、保护生态、营造绿水青山的重要方式之一。

（一）经济效益明显

以山西省平顺县为例，2015 年花椒产量达 555.7 吨，年产值达到 2 056.09 万元，占全县农业总产值的 8.1%，椒农人均收入达到 1 955.8 元，总产值和人均收入中均占有重要的位置。因此，因地制宜的发展花椒产业，是山区农村致富的一个重要途径。

（二）扩大可耕土地面积

从近年全县发展的情况看，直至 2015 年人均坡地椒园面积达到 1.3 亩*左右，已超过现有人均耕地面积（人均 0.72 亩左右）。年均亩产值 200 元左右，进入盛果期将达到 2 000 元左右，远超过耕地产值（亩均 1 100 元左右）。特别在丘陵干石山区，在当前耕地面积日益缩小的情况下，发展坡地椒园，开发山坡资源，可大幅度扩大可耕作土地面积，增加经济收入。同时，该产业还具有其特殊意义。

（三）扩大就业机会

由于人多地少，农村剩余劳力就业成为普遍问题。营建坡地椒园，提供了较好的劳动就业机会。从近几年统计结果来看，

---

*　1 亩≈667 平方米，1 公顷 = 15 亩。全书同

不包括新建坡地椒园的营建整地用工，仅花椒育苗、移栽、田间管理、采收、榨油加工和运输销售，平均亩年投工 150 多个，而在这些投工中大部分（80% 以上）为半劳力和辅助劳力。通过坡地椒园的生产活动，增加了就业机会和经济收入。在管理、采收、加工、榨油等生产活动中，以采收、加工占用的劳力最多，约占 90%，此时正值夏锄秋收的空当，农活不多，恰逢坡地椒园收获的繁忙季节，变农闲为农忙，改变了劳力的季节分配。

（四）提高了阳坡光、热及土壤等自然资源利用率

阳坡有着丰富的光热资源和一定的土壤资源，但在一般情况下，光热、资源的利用率不高，只任其生长一些草类和灌木，覆盖度小，生物量低，利用价值不高。在荒坡上修筑梯田，营建椒园，将分散的土壤集中使用，加厚了局部土层，变一般草类、灌木为花椒树，从而提高了对光热、水肥、土壤资源的利用率，增加了单位面积的生物产量，明显地改善了生态环境，提高了经济价值。

（五）改善和保护农村环境

花椒大多生长在丘陵山坡，花椒生命力很强，具有极强的抗旱、耐贫瘠的特性。特别在山大坡广、沟壑纵横的干石山区和丘陵地区，发展花椒种植业，不仅是当地农民脱贫致富的重要产业之一，而且具有强大的保墒、保水和保肥能力，对增加生物特种多样性、绿化荒山、美化农村，营造绿水青山系统，优化生态环境具有独特的作用。对于改善和保护农村环境具有重要现实意义。

第二节　花椒的生物学特性

花椒属于芸香科花椒属的落叶小乔木或灌木，高 3~7 米，果实、叶片、枝条以及树干均有香味。枝、干上有木栓质皮刺，奇数羽状复叶，小叶 5~11 片，卵形或卵状长圆形，无叶柄或叶柄极短，叶片边缘有细钝锯齿，齿间有半透明油点，叶柄两侧具皮刺。圆锥花序顶生，蓇葖果，果皮上密布疣状油点，成熟时褐红色或紫红色。种子蓝黑色，有光泽，一个果实内含种子 1~2 粒，圆形或半圆形。

为了能适地适树的发展花椒树，实现优质高产，现将与栽培有关的一些生物学特性简介如下。

一、花椒喜温暖条件，但耐寒能力较差

花椒树在生长发育过程中，都需要较高的温度，气候温和是其生长发育的必要条件。据资料介绍，1 年生的花椒幼苗若不防寒，在-18℃的情况下，枝条即受冻害。15 年生的大树最低温度降至-25℃以下时，产生冻害。而且，不同的海拔、坡向、坡位气温差别很大。随着海拔的增高，冻害程度加重（表1-1）。

表 1-1　不同海拔高度生长的花椒受冻害影响的情况

调查点	海拔高度（米）	调查株数	冻害株率（%）	整株死亡率（%）	主枝死亡率（%）	小枝死亡率（%）
1	468~490	150	3.6	0.0	1.4	2.1
2	480~650	150	11.8	2.7	6.1	2.7
3	880~1 100	650	28.8	6.1	8.5	14.5
4	1 170~1 190	1 000	29.5	7.3	8.9	13.7
5	1 250~1 300	100	100.0	69.5	34.0	100.0

不同地形受冻情况也不同，迎风口和过风梁生长的椒树受害重，否则即轻（表1-2）。根据花椒喜温暖怕冻的特点，除注意选择背风的阳坡外，海拔高度也是不容忽视的。据调查海拔高度超过 1 200 米时，常遭冻害。根据我们的经验，凡柿树能正常生长发育的地方，也可以栽培花椒树，依此来确定适宜的海

拔高度。

表1-2　不同地形种植的花椒受冻害情况

调查点及地形特点		海拔高度（米）	调查株数	冻害株率（%）	整株死亡率（%）	主枝死亡率（%）	小枝死亡率（%）
1	风口处	1 000	50	94.71	91.9	1.37	2.97
	背风处		50	17.32	0.00	7.88	7.77
2	风口处	1 100	50	97.72	94.65	1.78	3.55
	背风处		50	17.81	0.00	8.97	9.47
3	风口处	1 200	50	28.93	8.35	8.11	13.13
	背风处		50	3.43	0.91	0.91	2.29

二、花椒抗旱性和土壤适应性都强

在实际工作中，人们常用蒸腾强度和凋萎土壤含水率来衡量树种的抗旱能力，花椒树的这两个抗旱水分生理指标都是较低的。据测定，花椒幼苗期，每克叶片1分钟的蒸腾强度为10.34毫克，低于山桃、山杏、白榆等树种（12.98毫克/分·克），高于核桃、沙棘、香椿等树种（8.16毫克/分·克）。

在黏壤土中，花椒幼苗的凋萎土壤含水率为7.1%，远低于核桃、山杏、山桃、香椿等树种（这四个树种的凋萎土壤含水率为8.3%~10.1%，平均为9.7%），与枣树是一样的，表明花椒树具有较强的抗旱能力。

由于花椒树具有一定的抗旱能力，在一定程度上扩大了栽培的立地范围，具有较强的土壤适应性，除极黏重的土壤、粗沙地、下湿盐碱地外，一般的沙土、轻壤土、黏壤土，以及在坡积物上形成的土壤，均可栽植。在山地栽培时，通过整地土层厚度在0.8米以上，即能正常生长结实。如果土层过浅，水肥条件过差，容易形成"小老树"。

三、花椒的须根相当发达

花椒树主根不发达，一般只有 30~40 厘米长。其根系主要是由主根上产生的大量侧根和由侧根上产生的大量须根组成。如石灰岩山地梯田（梯田外侧高 60 厘米）椒园 12 年生花椒树，其根系总长度 39 383 米，总重量 10.047 千克，其中直径小于 1 毫米的根系占总长度的 99.6%，占总重量的 53.7%，主要分布于 0~30 厘米的范围内。在梯田土壤空间分布范围内，1 立方米土壤中分布有长 9 249 米、重 2.27 千克的根系，其分布密度相当大。

花椒树幼龄阶段，根系主要集中在冠幅度范围内，进入盛果期侧根发展很快，侧根根幅可达冠幅的 4~5 倍，根系主要集中分布在冠幅 0.5~1.5 倍的范围内。

四、花椒发育快、结果早

与一般经济林木一样，花椒树的生长发育亦分为幼龄期、初果期、盛果期和衰老期 4 个阶段，所不同的是，花椒树的幼龄期较短，进入初果期的时间较早。

（一）幼龄期

花椒的幼龄期一般为 2~3 年，这一阶段营养生长旺盛。第 1 年苗梢生长量 40~80 厘米，第 2 年抽生侧枝，第 3 年侧枝上形成大量的短枝，冠幅生长量大于树高的生长量。此阶段是形成树形基本骨架的重要时期。

（二）初果期

一般于造林后第 3 年开始结果，进入结果初期。这一阶段冠幅扩展快，为花椒各发育阶段冠幅生长最快的时期，是营养生长与生殖生长同时发展的时期。由于幼树初结果，果穗和果粒均较大。此阶段株产量变化较大，每年可以 1 倍以上的速度递增。

（三）盛果期

花椒树于造林后 8~10 年进入结果盛期，丰产植株年产干椒 5 千克以上。此时椒树的枝条数量增长很快，为初果期的 10~15 倍，而这些树条绝大多数为结果枝。由于立地条件和栽培措施的不同，盛果期的年限亦有不同，一般可维持 15~25 年。

（四）衰老期

花椒树于 30 年左右进入衰老期，结果枝弱小无更新能力，部分枝开始干枯，产量急剧下降，应及时进行更新。

五、花椒易繁殖，萌芽能力强

花椒树不仅可以用种子播种育苗，而且可以扦插育苗，繁殖容易。

萌芽力强，隐芽寿命长，是花椒树的一个重要特点，能耐强度修剪，树形的培养较为容易。在主干和主枝上常萌生徒长枝，在栽培过程中，可将徒长枝转变为结果枝组，弥补树冠上短缺结果枝组的空当。进入衰老期的大树，可通过截枝以及平茬的方法，刺激隐芽的萌发抽生徒长枝，进行树体更新。

第三节　花椒的主要农家栽培品种

发展花椒树是以生产花椒（果实）为主要栽培目的，能否持续地、稳定地获得产品，关键在于所选择的栽培环境、采取的栽培措施，能否满足花椒生长发育的需要。由于花椒栽培历史悠久，分布又很广泛，各地形成了不少栽培品种。在山西常见的农家栽培品种有以下几种。

一、小红椒

小红椒，在山西五台、盂县一带，叫黄金椒，而在晋东南一带叫小椒或小红袍。

树势旺，树冠呈杯状，分枝角度大，枝条开张，枝条皮孔较密，枝条的萌芽率和成枝率强。皮刺较小短肥尖利，随着枝龄的增加，从基部脱落。叶片较小，小叶5~9片。

果梗较长，果穗较松散，果粒小，近圆形，直径4~4.5毫米，成熟时果实鲜红色，晒制的椒皮颜色鲜艳，麻香味浓，品质好，出皮率高，果穗中果粒不甚整齐，成熟也不一致，成熟后果皮开裂，采收期短，成熟后需在短期内采收完。

长治一带，4月上旬发芽，4月下旬开花，8月上中旬果实成熟。定植后3~5年开始结果，10年后进入盛果期，株产鲜椒5~7.5千克，结果龄可达40年。为早熟品种，具有丰产性状，是一个较好的栽培品种，但抗旱性稍差。

二、大红袍

枸椒也称狮子头、大红椒，是分布广泛的栽培品种。

树体较高大，在自然生长情况下，树形多为多主枝圆头形，栽培条件下树冠呈杯状或扁圆形，树势强健，分枝角度小，树姿半开张。1年生枝新梢紫绿色，枝条节间较长，每节两刺，皮刺基部肥圆。果枝粗壮。叶片较厚有光泽，小叶9~11片，油腺点较窄，不甚明显。

果梗较短，果穗紧密，果粒大，直径5~5.6毫米。成熟的果实浓红色，表面有粗大的疣状腺点，鲜果千粒重85克左右。成熟期8月下旬至9月上旬，成熟的果实不易开裂，采收期较长，可达一个月以上。晒干后的椒皮呈浓红色，品质亦好，市场上很受欢迎。

丰产性强，高产、稳产。喜肥水，抗旱性、抗寒性较差，适于较温暖的气候和肥沃土壤栽培。栽培后4年结果，8~10年进入盛果期，有时出现大小年现象。分布较普遍。

三、白沙椒

枸椒也称白里椒。树冠近圆形，分枝角度大，枝条平伸，树姿开张，树势健壮，盛果期长，树高 2.5～5 米，皮刺大而稀，多年生枝皮刺通常从基部脱落，叶片较宽大，叶面腺点明显。

果梗较长，果穗蓬松，采收方便。果实圆形，果粒大小与大红袍相近，鲜果千粒重 75 克左右。8 月中下旬成熟，属中熟品种，成熟的果实淡红色，晒干的干椒皮褐红色，内果皮晒干后呈白色，为该品种的重要特点，故名白沙椒或白里椒。耐贮藏，晒干后可存放 3～5 年，麻香味不减。因其色泽较差，市场上不太受欢迎。

丰产性强，无明显的隔年结果现象。在土壤深厚肥沃的地方，树体高大健壮，产量稳定；在立地条件较差的地方，也能生长结实。定植后 3～5 年开始挂果，盛果期 8～15 年。主要分布在长治一带。

四、枸椒

枸椒也称臭椒。各地有少量栽培。树体健壮，枝条较直立，分枝角度小，树姿半开张，盛果期树高 3～5 米，皮刺大分布较为稀疏，果枝粗短，尖削度大。叶片小而窄，腺点不太明显。

果穗大，果梗较短，果粒大，圆形，果梗基部略突起。鲜果千粒重 85 克左右。成熟的果实枣红色，色泽浓艳，晒干后的椒皮呈紫红色。成熟晚，9 月上中旬成熟，成熟后果皮不易开裂，采收期长，果皮较薄，鲜果有异味，麻而不香，但晒干后异味减退，品质较差，较其他品种抗旱、抗寒能力强，也是一个良好的花椒砧木。

第四节　苗木培育

苗木是建立花椒园的基本条件，苗木质量的优劣，直接关系着营建花椒园的成败。

花椒的繁殖方法较多，既可以播种育苗，也可以扦插繁殖、嫁接繁殖。由于种子育苗繁殖速度快，技术简便，易于掌握，成本也较低，所以各地多用播种育苗方法来培育苗木。

一、播种育苗

1. 种子的采集与制干

（1）母树选择　选择生长健壮，单株产量高，无明显大小年现象丰产性状稳定，无病虫害的单株为采种母树。各地生产实践表明，只有生长发育健壮具有优良遗传特性的母树，才能结出饱满优质的种子，才能育出壮苗来。一般应选 10~15 年盛果期植株做采种母树，初果期和衰老期的植株种子空秕率高，发芽率低。

（2）适期采种　选好采种母树后，要掌握好采种期，采种过早，种子未充分成熟，生活力弱，发芽率低；采种过晚，果实裂开种子脱落，难以收到种子。花椒的栽培品种不同，栽培的立地条件不同，种子成熟期各异，一般种子呈黑色有光泽，有少量果皮开裂时采收最好。生产上采收花椒时间一般比果实的自然成熟期早，不宜用采收食用花椒的种子作为育苗种子。树冠中上部向阳侧的果实成熟度高，应剪取这些树冠部位的果穗做育苗用种子。

（3）种子晾晒　果实采回后要及时阴干，选择通风干燥的地方，薄薄的摊开，每天翻动 3~4 次，果皮裂开后，轻轻敲打，使种子在果实里脱落出来。脱落下来的种子继续阴干，不要晒干。因花椒种子呈黑色，在太阳下暴晒，由于吸热多易使种子的酶活性迅速下降，丧失发芽力。据测定，暴晒制干的种子，氧化酶总活力比阴干种子降低 56.6%，72 小时内种子吸水量降低 24.5%，种子千粒重降低 27.2%，种子发芽率降低 74.9%，上述数据表明，采收后的种子是阴干处理还是晒干处理，是影响育苗成败的关键，这一点一定要引起重视。晒干的种子，由于在高温暴晒下种子挥发油外溢，种子表面光亮，硬度较大，而阴干种子不太光亮，种壳较脆。从外地调进种子时，可以根据上述的特点，来辨别是阴干种子还是晒干种子。

2. 种子的贮藏与处理

花椒种子中有一种抑制发芽的物质，主要存于种皮的油脂中，所以用于育苗的种子，必须进行脱油处理，以利种子发芽。有的地方春季播种后不出苗，其中一个重要原因就是未进行种子脱油处理，没有去掉抑制发芽的物质。种子处理，可依据播种育苗的不同情况，而采取不同方法。

（1）秋季种子处理，第二年春季播种　若第二年春季播种，需在 10 月底（霜降）以前进行处理，处理过晚，将会明显的降低处理效果。常见的种子处理方法有下面几种。

混沙埋藏处理：选地势较高、排水良好、避风背阴处，挖贮藏坑（忌地下水过高的下湿地），坑深 0.8～1.3 米，气候暖和的地方可以浅些，较冷的地方深些，坑长、宽视种子的多少而定。将种子与三倍的湿沙混合均匀，沙的湿度以用手能捏成团又不出水为好，没有细沙的地方，也可以用粉沙质黄土代替（不能用黏性土）。先在坑底铺垫 10 厘米左右的湿沙，然后将混沙的种子倒入坑内，直至坑口 30 厘米止，上面盖一层作物秸秆，以与混沙的种子隔开，也利透气，上面再用土堆封起来，土堆要高出地面，必要时四周挖一排水沟。

如果处理的种子数量不多，也可将混沙种子装在木箱内或用草席、草袋包好埋藏在坑内。如果处理的种子较多，为利通气，贮藏坑的中间可插一束捆成把的作物秸秆（图 1-1）。冬季勤检查，勿使雪水流入坑内防止漏风。此法省工省料，方法简便，使种子处在一个低温、湿润、通气的环境里，经一冬的混

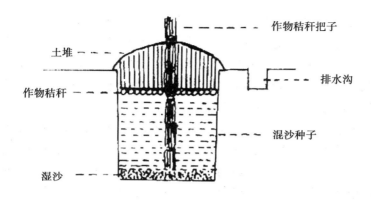

图 1-1　种子混沙埋藏示意图

沙处理，不仅可以解除种皮上的发芽抑制物质，而且也有利于种子生理活动，次年播种时，大部分种子已露白芽，播种后出苗快而整齐，发芽率高。若种子已发芽，还来不及播种时，可把混沙的种子取出，放在背风阴凉的地方，以延缓种子发芽。

泥饼或粪饼处理：当用种量比较少时，也可以用泥饼或粪饼的方法处理。具体方法是：将种子与 2 份黄土、1 份沙土、1 份牛粪加水和成泥搅拌均匀，做成 3 厘米的泥饼，贴在背阴防雨的墙上，或贮放在阴凉、干燥的空闲室内或门洞里，经过一个冬天的处理，次春将泥饼轻轻搓碎，或将种子筛出播种或连同泥饼土一并播种。也可将种子与 2~3 份鲜牛粪，并加入少量的草木灰，混合均匀，捏成拳头大小的团，甩在背阴防雨的墙上，或成片涂在光滑的墙上，次年春天取下粪饼搓碎，连同牛粪一起播种。

泥饼、粪饼处理时，因在处理过程中种子不发芽，故其贮藏的时间长。若春季因干旱不能及时播种时，可把泥饼、粪饼处理的种子继续贮放在阴凉干燥的地方，不使其受潮，待透雨后播种。

（2）春季种子脱脂、催芽处理　若秋季来不及进行种子处理，也可干藏。种子阴干后，装入麻袋中或木箱中（不要封盖），置于干燥、阴凉的室内，避免阳光直射，防止受潮、受热和鼠害。缸、罐及塑料袋不透气，不宜用来装放种子，以免影响种子的呼吸作用，降低发芽率。

冬季干藏的种子（或新调进的种子），播种前要进行种子脱脂、催芽处理，以提高种子的发芽率，如果不经处理直接用冬季干藏的种子播种，需经两个月才能发芽，出苗稀稀拉拉，种子出苗率也很低，即使出苗，苗木也不发旺。冬季干藏或新调入的种子（尤其是新调入的种子）处理前要进行检查。优良饱满的种子，种仁白色，胚和胚芽界线明显，若种仁浅黄，种皮灰暗，胚和胚芽界线不明显，则多为陈旧发霉的种子，大部分已失去发芽能力，不能用来育苗。

碱水浸种处理：按 1 千克水加 30 克碱面（碳酸钠）的比例，配成碱水，将种子倒入碱水中（以淹没种子为度）浸泡 3~5 个小时后，用力反复揉搓种子，去掉种壳外面的油脂及油脂中的抑制发芽物质，捞出后用清水淋洗 2~3 次，摊放在阴凉处晾干。也可用 2%的洗衣粉水浸泡种子，方法与碱水浸泡相同。

碱水浸种脱脂后进行催芽，在背风向阳的地方挖一浅坑，将种子放在坑内，上面盖以透气的湿草袋或湿麻袋等物。每天翻动 1~2 次，种子和上面盖的草袋或麻袋要经常保持湿润；或将种子装入木箱、瓦罐中，上面盖上透气的湿物进行催芽，用此法，每天要用清水冲洗一次种子。部分种子裂嘴吐白时，既可播种。

开水烫种处理：将种子倒入种子体积两倍的开水中，迅速搅拌 2~3 分钟，然后倒入凉水至不烫手时为止，浸泡 2~3 小时，捞出种子倒入清水中继续浸泡 1~2 天，脱脂吸水后，再进行种子催芽（方法同上）。

温水浸种催芽：将种子放入缸中（或其他容器），倒入60℃左右的温水，用木棍轻轻搅拌，待水降至常温后，换清水继续浸泡，每天换水 1 次，2～3 天后捞出，再进行催芽处理（方法同碱水浸种催芽）。

3. 播种

（1）圃地选择与平整　苗圃地选背风向阳通风良好的地方，并有灌溉条件土层深厚、肥沃、排水良好的沙壤土或壤土作为育苗地。涝洼盐碱地、黏土、纯沙土地，宿根草类过多的地方，不宜用来育苗。

秋季应深耕一次，来春及时耙磨以利保墒，整平后做床，宽 1 米，长 5～10 米。结合整地，每亩施腐熟的有机肥 2 500 千克。播种前要满足底水。

（2）播种季节　花椒春秋两季都可播种。秋季播种，种子可不进行处理（若用脱脂处理的种子更好），翌年春季出苗早，生长也较健壮，山地或旱地育苗时，秋播可以避开春季的干旱，有利出苗。秋季以 10 月中下旬播种为好，来春要及时镇压，使种子与土壤紧密结合，以利种子吸水发芽。

春播，在早春土壤解冻后进行，当 10 厘米处地温达到 8～10℃时为适宜的播种期（一般为 3 月中旬至 4 月上旬），播种前要随时检查种子的发芽情况，发现 1/3 的种子露白吐芽时，要及时播种。若来不及播种，要将种子移放在阴冷的地方延缓种子发芽。

（3）播种方法　在 1 米宽的苗床上开四条播种沟，行距 20 厘米，每亩播种量 10 千克左右（不含秕籽的纯净种子），每千克种子 5.5 万～6 万粒。播种沟深 3 厘米左右，沟底要平整，将种子均匀地撒播在沟内，覆土 1 厘米左右，轻轻镇压，使种子与土壤紧密结合，上面覆盖塑膜或作物秸秆，以利保墒，待部分种子发芽出土时，及时撤去覆盖物。在较干旱的情况下，尤其是旱地育苗，也可以在播种沟的上方加厚覆土 5 厘米左右，使之形成突起的垄状，减少水分的蒸发，种子开始发芽出土时，再将覆土扒平，以利幼苗出土。

秋播时，也可以用加厚播种沟覆土的办法，到来春种子将要发芽时，分两次逐渐扒去覆土。

如果用的是泥饼或粪饼处理的种子，遇土壤干旱不能下种时，也可以等到雨季播种。

4. 苗木管理

经过处理的种子，一般在播种后 10~20 天陆续出苗，为了培育健壮的苗木，必须加强苗期管理，适时的间苗、除草、灌溉、施肥、防治病虫害。

（1）间苗　幼苗长到 5 厘米高时，要进行间苗，定苗后的株距为 10~15 厘米左右，每平方米苗床留苗 35~40 株，间苗时要轻轻的拔除，尽量减少保留苗木的根系损伤。需要间除生长良好的苗木时，可以带土移栽到缺苗的地方，也可移栽到空闲苗上，移栽苗木以 3~5 个真叶时效果最好。间苗前和移苗前，要进行灌水，移苗要在傍晚或阴天进行，苗木不易萎蔫，可提高移苗成活率。

（2）中耕、除草　为防止土壤板结，增强土壤的透气性，减少土壤水分蒸发，应及时中耕，以利苗木的生长和根系的发育。苗木较小时要浅锄（2~3 厘米），苗木长到 30~50 厘米的可锄深一些（3~5 厘米）。旱地育苗时，松土保墒显得更为重要。

结合间苗进行第一次除草，以后可结合中耕进行除草。除草要除早、除小、除了，以免杂草与苗木争水、争肥、争光，为苗木生长创造一个良好的条件。

（3）施肥、灌水　幼苗长到 5 月下旬开始迅速生长，至 6

月中下旬雨季到来时，进入生长最旺盛的阶段，也是需肥最多的时期，应及时追肥。第一次追肥于 6 月中旬进行，亩追施速效以氮为主的化肥（如硝酸铵、硫酸铵等）或复合肥 20 千克，或腐熟的人粪尿 1 000 千克；第二次追肥于 7 月中旬进行。水地苗圃可把施肥与灌水结合起来，旱地育苗最好在雨后进行，苗行间开沟追肥。7 月下旬停止追肥，以免苗木徒长影响木质化。

有灌水条件时，在春旱阶段要注意灌水。但在种子发芽出土前尽量不要灌水，防止造成地表板结，影响苗木出土。

花椒幼苗最怕水涝，除注意选地之外，雨季到来之前，要做好圃地排涝工作，以防雨季集水。

（4）病虫害防治　花椒苗期常见的虫害有蛴螬、花椒跳甲、蚜虫等，常见的病害主要是叶锈病，具体防治办法，见病虫害防治部分。

二、无性繁殖花椒优良单株选择

花椒不但可以种子育苗，而且也可以进行无性繁殖。无性繁殖可以保持母树的优良遗传性状，早结果、早丰产。无性繁殖不仅是一种繁殖方法，而且是建立无性系的一个重要手段。因此，把无性繁殖建立在花椒优良单株选择的基础上，才更有意义。

1. 花椒优良单株选择

在长期的栽培中，各地形成了一些农家栽培品种，各个栽培品种虽然都具各自的形态特点和经济性状，但这些品种是作为一个总体而相对存在的，同一栽培品种中在各个体间仍存在不少差异，有的个体（单株）具有一定的优良遗传性状，如丰产性状，特殊的果实品质性状，抗旱、抗寒性状，抗某种病虫害等。具有优良遗传性状的单株在自然界是经常见到的，只是我们没有去发现没有去开发。如果在现有的栽培植株中选择一批优良单株，通过无性繁殖建立无性系，进而形成新的品种，将促进花椒生产的良种步伐，实现优质、丰产栽培，提高经济效益。

选择优良遗传性状的单株，要注意下面几个方面。

一是广泛调查访问，向椒农请教。

二是深入现场观察分析，通过与周围健壮植株的对比，详细记载单株的有益变异，单株采收，周围的健壮植株亦要单采，以比较产量。

三是通过数年的观察分析，单株采收，了解变异性状的年际变化，排除栽培措施、立地条件和其他人为活动对单株优良性状的影响。

四是当确认单株的优良表现特征是遗传因素决定的，不是客观因素造成的时候，要连同初选单株周围的健壮植株，通过嫁接或扦插育苗，进行下一代对比观察。

五是通过对初选单株下一代对比试验，若仍表现出原有的优良性状，便证明所选优良单株是成立的，确实具有优良的遗传性状，便可大量无性繁殖建立无性系了。

选择优良单株，建立无性系，比较费时费事，正因为这样才应该早动手，在当今市场竞争越来越激烈的情况下，只有掌握优良品种，才能占领市场，实现高产、优质、高效。

2. 扦插繁殖

（1）插穗选择　插穗一般在早春树液未流动前采集。以5年生以下幼年植株做母树，选粗0.5厘米以上的一年生健壮枝条，剪取枝条中下部木质化充分的枝段做插穗，插穗长15厘米左右，每30~50根捆成一把。用湿沙（或土）埋起来备用。

母树年龄大小对扦插成活率影响很大，母树年龄越小扦插成活率越高。在2年生幼树或幼苗上采取的插穗成活率可达70%~80%，在5年生幼树上采取的插穗成活率只有40%左右。选择的花椒优良单株，一般都是结果盛期的植株，年龄都较大，为了提高扦插成活率，获取较多的可供扦插用的枝条，可将部分干枝回缩，刺激隐芽萌发新枝。

（2）扦穗处理　为提高扦插成活率，插穗可用生长激素处理。用 50 或 100 毫克/千克 ABT 2 号生根粉溶液，浸泡 2 小时，浸泡深度为 4~6 厘米，处理后可直接扦插。ABT 生根粉的配制方法：用非金属容器将 1 克 ABT 生根粉溶解在 0.5 千克 95% 的工业酒精中，再加 0.5 千克凉开水，即配成浓度为 1 000 毫克/千克，稀释 20 倍就是 50 毫克/千克。对当时用不完的原液应装在棕色瓶内，放在室温避光处保存。

（3）扦插　圃地的选择、平整、做床同播种育苗。一般于 3 月下旬至 4 月上旬扦插，圃地较硬时可开沟扦插，行距 20~30 厘米，株距 15~20 厘米。扦插深度以插穗外露一个芽子为度，外露过长易引起插穗失水，影响成活。扦插后在行间覆盖塑膜，以得保墒提高地温。覆膜时行间要稍高一些，使之成屋脊形，使雨水渗入扦插行内。扦插后一个月左右插穗才能发芽，在这段时间里不能大水漫灌，干旱时可顺扦插行喷水。6 月中下旬进入雨季苗木生长加快，可撤去覆膜，同时注意松土除草和病虫害防治。

3. 嫁接繁殖

当选出优良单株需要扩大繁殖时，或当品质低劣椒园需要改造时，可采用嫁接方法繁殖。

（1）接穗的采集　嫁接一般分枝接和芽接两种，嫁接的具体方法不同，所要求的接穗亦有不同。

枝接接穗的采集：在树木发芽前 20~30 天采集，选择树冠外侧发育充实，粗 0.5~1 厘米的生长枝做接穗，剪掉皮刺和枝条上部发育不充实的枝段。在背阴的地方挖坑用湿沙埋藏，以免枝条发芽和枝条失水，也可在菜窖内用湿沙埋藏。

芽接接穗的采集：选取生长健壮发育充实的一年生枝，接穗剪下后，将皮刺和复叶剪掉，只留1厘米左右的叶柄，用湿毛巾包好，或放在桶内用清水将接穗浸泡起来（接穗长度1/3~1/2浸入水中），以减少接穗失水。用枝条中部充实饱满的芽子，上部的芽不充实，基部的芽瘦小，均不宜用。

（2）枝接　枝接在春季树液开始流动至花椒树发芽前这段时间进行。枝接有两种方法。

①劈接：一般用于大树的枝接换优（选出优树后为加速繁殖种条或接穗，也可用大树枝接的办法）。

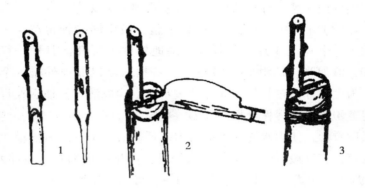

图1-2　劈接法示意图

1. 削接穗；2. 插接穗；3. 捆绑

大树枝接换优时，将粗3~5厘米的干枝锯掉，留10厘米左右的枝桩做砧木。将枝条剪成4~6厘米长的接穗，每个接穗上要有2~3个饱满的芽子，在接穗下端从两面削成平整光滑的楔形斜面，接穗削好后，要防止失水，不要沾上泥土（可以含在口中）。砧木选皮厚、纹理顺的地方做劈口，在干枝锯口中间用劈刀劈3厘米左右劈口。撬开砧木切口（不得破坏皮层），小心地插入接穗，使接穗和砧木的形成层对准。若砧木较粗可在劈口两侧各插一个接穗，这样有利分生组织的形成，接好后用麻或塑料条绑紧，若砧木切口已将接穗夹的很紧也可不绑。然后在接口处涂上接蜡，以防雨水渗入。若需改造的低劣植株较小时，可距地面 5~10 厘米处选光滑通直的部位锯断，进行劈接（图 1-2）。

②切接：多用于 1~2 年生幼苗的嫁接，选 1~1.5 厘米粗的苗木做砧木，在离地面 3 厘米左右剪断，切口要光滑。在接穗下芽的背面 1 厘米处斜削一刀，削掉 1/3 的木质部，斜面长 2 厘米左右；再于另一侧斜削一个小削面，稍削去一些木质部，小削面长 0.8~1.0 厘米；在砧木皮层里侧略带木质部的地方，垂直切 2 厘米的切口；将削好的接穗插入砧木的切口中，使接穗长斜面两边的形成层，与砧木切口两侧的形成层对准、靠紧，若接穗过细，要保证接穗一侧的形成层与砧木的形成层对准，用接蜡封口。接好后要注意保湿，用土把砧木和接穗全部埋住，埋土时接口以下用手按实，接穗上部的土要疏松一点，以利接穗芽子的萌发生长（图 1-3）。

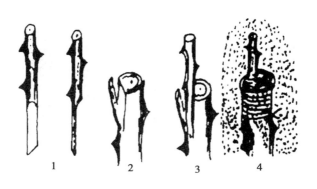

图 1-3　切接示意图

1. 削接穗；2. 切砧木；3. 插接穗；4. 捆绑

（3）芽接　芽接一般于 8 月中旬至 9 月上旬进行，以播种苗木为砧木，繁殖花椒优良单株苗木时，或幼树嫁接换优时，多用芽接。以播种苗为砧木时，选粗 1 厘米的 1~2 年生苗木，在距地面 5 厘米左右的部位，皮层光滑无疤处，于迎风面用芽接刀记得成"丁"字形切口，横切口 1 厘米左右，竖切口 1.5 厘米左右（深度以切开韧皮部用芽接刀剥开两侧皮层为度）。砧木接口切好后，选接穗中间部位饱满的芽子做接芽，先在芽的上方 0.3~0.4 厘米处横切一刀，再在芽的下方 1 厘米处，自下而上，由浅入深，削入木质部，削到芽上方横切口处。用手指捏住叶柄基部轻推，即可取下芽片。芽片取下后，用芽接刀挑开砧木切口的皮层，将芽片插入切口内，使芽片的上方与砧木的横切口对齐，然后用塑料薄膜条自上而下绑好。使叶柄和接芽露出，绑的松紧要适度，太紧太松都会影响成活（图 1-4）。

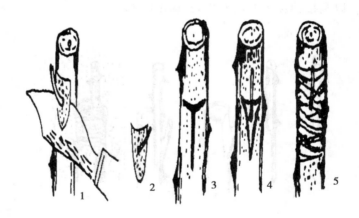

图 1-4 芽接示意图

1. 削接芽；2. 接芽；3. "丁"字形切口；4. 插入接芽；5. 捆绑

（4）嫁接苗的管理 嫁接后 20~30 天时进行检查，若接穗的颜色是新鲜的（芽接时，接芽所带的叶柄轻轻一碰即掉），或接穗砧木已经愈合，说明嫁接成活了。成活后要适时解除捆绑的塑膜条，春季枝接于成活后 20 天左右解除塑膜条，秋季芽接当年不萌发，于第二年春季发芽前解除。

芽接者，于第二年春天将接芽上方的砧条剪掉。无论是枝接还是芽接，砧木上萌生的嫩芽均要及时剪去，以免与接穗争夺养分。嫁接苗长至 50 厘米左右时，可适当摘心，以促进苗木的加粗生长和萌发侧枝。

三、苗木出圃

目前，各地还没有一个统一的花椒苗木的标准，据生产的一般要求，优良的花椒苗必须根系发达，长度 15 厘米以上，主侧根不少于 5 条，并有较多的小侧根和须根（二级侧根），苗干粗壮，地径在 0.7 厘米以上，侧芽饱满，节间较短，发育充实，无病虫害。

一般多于春季起苗，若圃地太干，起苗前要进行灌水，以减少起苗时过多的损伤根系。起苗时要距苗木远一点的地方下镐（锹），挖的也要深一点，才能使苗木多带根系，不然起出的根系太短，好苗也变成次苗了。苗木起出后如不能马上造林，应挖一个深 40~50 厘米的沟，将苗木假植起来。

第五节　坡地花椒园栽培

花椒多生长于山地、丘陵，面积占比达 70% 以上。这些地方有丰富的光热资源和一定的土壤资源，适于发展经济林。花椒耐旱，与水果树相比，对于栽培集约程度的要求较低，适于营建山地花椒园。石质山地、土石山区、黄土丘陵，均可以营建坡地花椒园。

一、园址的选择

花椒是一个喜温喜光的树种，抗寒性差，选择山地椒园园址时，应注意以下几个问题。

一是海拔高度不宜超过 1 000 米，大于这个高度，在一般年份能获得一定的产量，但遇低温年份，极易遭冻害，严重时使整个椒园遭到破坏。如有特殊的局部小气候，海拔可以适当的高些。

二是园址选择应选设在背风向阳的阳坡、半阳坡的中下部，山坡上部风大，冬春季节易造成干梢。风口、山梁不能作为园址。

在石质山区选择园址时，坡面上要有一定的土壤资源，以利修筑梯田，在黄土丘陵区，质地黏重、透气不良的红土，石灰结核沉积过多的地方，不能建园。

无论是石质山地，土石山区，还是黄土丘陵区，坡度不应大于 25°。

二、整地

在坡地上兴建坡地椒园，必须注意两个问题：一是保水保土，不能使有限的土壤再被冲刷；二是集中坡面上分散的土壤，加厚土层，使花椒树的生长发育有一定的土壤空间。因此，建园时进行细致整地是十分重要的，这是建园的首要工作，也是关系到椒园成败的重要一环。一般采取以下整地形式。

1. 水平梯田和反坡梯田

以这种整地方法最为普遍，一般与农用梯田整地方法大体相同。田面宽度不应小于 1.5 米，梯田外侧的高度，不低于 1 米。如果梯田田面修成外高里低的反坡，梯田外侧比内侧高 10~15 厘米，即成反坡梯田。既增加了梯田的保土蓄水能力，又减缓了田面阳光直射的强度，其效果优于水平梯田。

2. 隔坡梯田或隔坡复式梯田

所谓隔坡梯田，即梯田与梯田之间间隔一段距离。隔坡复式梯田，即在隔坡梯田（主梯田）的基础上，再于梯田的下方修一个高 30~50 厘米，宽 1 米的小梯田（辅助梯田）（图1-5）。

图 1-5　隔坡复式梯田示意图

坡地椒园，无灌水条件，施肥困难，如何补给土壤水肥，是坡地椒园栽培中的一个重要问题。采用隔坡梯田整地或隔坡复式梯田整地，有下面几个优点。

一是可以利用隔坡地段产生的径流，增加梯田的水分，解决花椒树的水分补给问题。

二是辅助梯田可以种植绿肥植物，就地压青，解决坡地椒园的养分补给问题。同时辅助梯田还可以固护主梯田。

三是在土层较薄土壤较少的石质山地，可以将隔坡地段的土壤填入主梯田，扩大梯田的土壤来源。从而也扩大了建园的立地范围。土层较薄的山地可采用这种办法营建椒园。

梯田间的隔坡距离一般为 4~6 米，间隔距离过大，虽然能产生更多的径流，但遇大雨、暴雨产生的径流超过梯田的下渗、容纳能力时，容易造成水土流失，把梯田冲垮，在黄土陵丘区更应注意这一点。主梯田、辅助梯田均为反坡状，梯田外侧比内侧高 10~15 厘米。主梯田的规格与上述水平梯田相同。石质山地修筑隔坡梯田时，要尽量把隔坡地段的土都填入梯田内，使基岩裸露出来。

3. 鱼鳞坑

在石质山地坡面上，有时土壤分布不均匀，有的地方较厚，有的地方很薄甚至是裸岩，可根据土壤厚薄的分布情况，采取不同的整地方法，除按照地形修筑长短不一的梯田外，还可以用石块垒砌成大鱼鳞坑，鱼鳞坑外侧高不少于 1 米，坑的宽度（横坡方向）1 米，长（顺坡方向）1.5 米。

4. 石质山地梯田的修筑

按照坡面的具体情况进行规划，确定梯田间距和田面宽度。定线清基后，采取拣明石、挖暗石的方法，沿所划地埂线砌垒石坎。砌垒石坎时要做到：底石要大，里外交叉，大面向外，小面向里；条石平放，片石斜插；圆砌"品"形，块石压茬；石缝错开，嵌实咬紧；小石填缝，大石压顶；填饱砌实，切忌土拥。石坎砌好后，将田面上的石头普拣一遍，填在石坎内下侧，然后将坡面上的土扒入坑内整平。鉴于石质山区土壤薄、石砾含量较多和花椒树适应性较强的特点，卵状大小的石块不必拣除，在栽植和管理过程中，这些石块浮露地表，还可以起到保墒的作用。为防止田面不平产生径流，冲毁梯田，较长的梯田应每隔 8~10 米筑一截水堰。

三、移栽

1. 栽植方法

（1）穴植　挖深、宽各 40 厘米左右的坑，将苗木于穴中，把湿土填在根系周围，填土至一半时，轻轻提一下苗子，使根系舒展防止窝根，分层填土分层踏实。栽植深度比苗木的原土印深 3~5 厘米，最后在苗木周围堆一个小土堆，在石质山地也可在穴面上压些石块，以利保墒。有条件的地方，在栽植过程中可浇点水。

（2）压苗栽植　这是一种新的抗旱造林栽植方法，在整好的梯田上挖长 30~50 厘米（具体长度视苗木大小而定），深 30 厘米、宽 15~20 厘米的栽植坑，将苗干（根部及部分苗干）顺坑长方向平埋在坑底，使根系舒展，苗木梢部沿坑壁垂直露出地面，填土踏实。栽植后苗木在坑内呈"L"形，苗木在土中部分约占苗高的 3/4（图 1-6）。

图 1-6　"压苗"造林二年生花椒树根系情况

压苗栽植，具有以下几个优点。

一是成活率高。压苗栽植造林，不易窝根，大部分苗干埋入土中，减少了蒸腾，有利于苗木体内的水分平衡，有利于产生不定根。造林保存率比一般栽植高 10% 以上。

二是根系发达。由于埋入地下的苗干部分，可萌发不定根，3 年生幼树新发的侧根条数比一般栽植多 18.9%，根系鲜重高 33.5%。

三是幼苗生长较快。用压苗法栽植的 3 年生幼树，树高比一般栽植提高 14.%，地径提高 30.1%，一年生侧枝多 5.9%。

四是挂果早。造林第 3 年压苗栽植者有 61.2% 的植株挂果，株产鲜椒 26 克，一般栽植者仅 51.3% 的植株挂果，株产鲜椒

16 克。

五是移植时间长。春夏秋三季均可造林。雨季阴雨天造林，叶片很少发生萎蔫，没有明显缓苗现象，也可以边整地边造林。

苗木质量与压苗造林效果有着密切关系，以根系发达苗高在 0.8 米、径粗 0.7 厘米以上的苗木，压苗移植效果最好，低于这个标准的苗木虽然能取得较高的成活率，但幼树的生长量有明显下降。

2. 移植时间

花椒春季、雨季、秋季均可移植。春季宜早不宜迟，土壤刚解冻时，土壤湿度大，此时效果最好，苗木萌动之后成活率将明显降低。春季土壤干旱，可于雨季趁墒栽植，用常规方法时，要去掉一些叶片，以减少苗木蒸腾，用压苗法，可不必剪除叶片，由于埋入土中的苗干比例大，栽植后基本没有缓苗期。秋季一般在白露以后树木开始落叶时进行，较寒冷的地方要用土将苗干埋起来，以防干梢。

3. 移植密度

一般株距为 2 米，行距视梯田宽度而定，梯田田面较窄时栽植一行，坡度较缓的地方，梯田田面达到 4 米左右时，可栽植两行，栽植穴按"品"字形排列。

4. 苗木的沾根处理

坡地椒园土壤一般较干旱，为提高移植成活率，移植前可进行苗木沾根处理，可用 ABT 生根粉（2 号）50~100 毫克/千克的溶液浸根 2~3 小时，或用吸水剂泥浆（100 千克土加 0.5 千克吸水剂，和成稀糊状）沾根，有助于提高成活率。

5. 品种配置

花椒一般不配置授粉品种，但花椒收摘比较费工，在建立大面积椒园时，要注意早熟晚熟品种的搭配，以延长整个椒园的采收期。如果品种单一，成熟期集中，会给适时采取带来一定的困难。小红袍成熟较早，大红袍不易裂果，采收期可延长 1 月以上，所以多以两个品种进行搭配，效果很好。

四、整形修剪

整形修剪对于坡地花椒园来讲，是一项十分重要的管理技术措施，合理的树体管理，不仅能形成良好的树体结构，提高光能利用率，实现丰产，而且通过树体管理，使椒树与土壤间的水肥供需矛盾尽可能的达到平衡，达到持续丰产的目的。当前，一些地方不注意整形修剪，影响了椒园效益的发挥。关于花椒树的整形培养，各地做法不尽相同，简述如下。

1. 树形

根据花椒的生长特点和山地的自然情况，各地多采用下面两个树形，其中以自然开心形最为常见。

（1）自然开心形 一般干高 30~40 厘米。在主干上均匀地分生 3 个主枝，基角 40°~50°，每个主枝的两侧交错配备侧枝 2~3 个，构成树体的骨架。在各主枝和侧枝上配备大、中、小各类枝组，构成丰满均衡的树冠。自然开心形，符合花椒自然特点，长势较强，骨架牢固，成形快，结果早，各级骨干枝安排比较灵活，便于掌握，容易整形。

（2）自然杯状形 一般干高 30~50 厘米。在不同方向培养 3 个一级主枝，第二年在每个一级主枝顶端萌生的枝条中选留长势相近的 2 个二级主枝。以后再在二级主枝上选留 1~2 个侧枝。各级主枝和侧枝上配备交错排列的大、中、小枝组，构成丰满的树形。这种树形的特点是，通风透光良好，主枝尖削度大，骨干枝牢固，负载量大，寿命长。

2. 自然开心形的树形培养

（1）定干 干高对冠高、冠形、树冠体积有着很大的影响。树干越高，树冠越高，成形越慢，树冠体积越小，单株产量也越低。坡地椒园立地条件差，栽植密度大，风多，风速也较大，树干宜矮不宜高。

定干一般结合栽植进行。通常定干高度 40~60 厘米，一年生苗木，定干时要求剪口下 10~15 厘米范围内有 6 个以上饱满芽。苗木发芽后，除计划保留的枝条外，其他芽子萌发的嫩枝要及时抹除，以节省养分，促进保留枝条的生长。用 2 年生苗木造林时，根据侧枝分布情况，在 40~60 厘米处将苗梢剪去，剪口下留 4~5 个侧枝，并根据侧枝的生长情况适当短截。

（2）主枝的选留　花椒的成枝能力比较强，造林当年的 6 月下旬，新梢即可长到 30 厘米以上，这时既可初步选定 3 个主枝，其余新梢全部摘心，抑制其生长，作为辅养枝。落叶后选留主枝，主枝要错落开一定距离，使 3 个主枝间隔 15 厘米左右，这样主枝牢固，成龄后不易劈裂。3 个主枝要向不同方位生长，使其分布均匀，3 个主枝间的水平夹角约 120°，主枝基角40°~50°。水平夹角和基角不符合要求时，可用拉枝、支撑等办法解决。主枝间的长势力求均衡。当主枝强弱不太均匀时，则采取强枝重剪、弱枝轻剪的方法，进行控制。3 个主枝以外的枝条，凡重叠、交叉、影响主枝生长的一律从基部疏除。不影响主枝生长的较小枝条，可适当保留作辅养枝，利用其早期结果，以后视情况决定留舍。

（3）主枝的培养和第一侧枝的选留　第二年冬季修剪任务，主要是继续培养主枝和选留第一侧枝。一是对各主枝和延长枝进行短截，选留好延长枝。延长枝可适当长留，长度为 35~45 厘米。采用强枝短留、弱枝长留的办法，使主枝间均衡生长。主枝延长枝的剪口芽应选留饱满芽，以确保剪口枝的长势。同时，应注意剪口芽的方向，用剪口枝调整主枝的角度和方向。二是选留各主枝上的第一侧枝。第一侧枝距主干 30~40 厘米。选平侧或上侧的枝条为第一侧枝。侧枝与主枝的水平夹角以 50°

左右为宜，各主枝上的第一侧枝，要尽量同向选留，防止互相干扰。三是控制竞争枝，若竞争枝长势很壮，生长量超过了主枝和延长枝，且所处的空间位置又很合适，可用竞争枝代替延长枝作为枝头，其他竞争枝一律从基部剪除。

（4）定植后第三年的修剪　以培养主枝和侧枝为主，同时选好主枝上的第二侧枝，培养结果枝组。主枝的延长枝可适当长留，一般留 40～50 厘米。控制竞争枝，均衡各主枝的长势。主枝上的第二侧枝，要选在第一侧枝对面，相距 25～30 厘米处的枝条。最好是上侧或平侧的枝条，第二侧枝与主枝的夹角，以 45°～50° 为宜。对于骨干枝以外的枝条，在不影响骨干枝生长期的情况下，应尽量多留，增加树体总生长量，迅速扩大树冠。除了疏除过密的长、旺枝外，其余枝条轻剪缓放，使其早结果，待结果后，再根据情况适时回缩。

3. 结果初期的树体修剪

第三年或第四年开始至第六年为结果初期，在这段时间，既要使椒树适量结果，又要注意修剪，在继续培养骨干枝的同时培养结果枝组。

（1）骨干枝　各骨干枝的延长枝剪留长度应比以前短一些，一般剪留 30～40 厘米，粗壮的可适当长一点，延长枝的开张角度保持 45° 左右。树龄 6 年生左右时，若树内膛有空当，可在主枝上选向内生长的侧枝来填补内膛。对长势强的主枝，可适当疏除部分强枝，对弱主枝，可少疏枝，多短截，增加枝条总量，增强长势。在一个主枝上，要维持前部和后部生长势的均衡。根据情况采取疏枝、缓放、短截等措施进行控制。

（2）辅养枝　未被选为侧枝的大枝，可做辅养枝培养，既可以增加枝叶量，积累养分，又可增加产量。只要不影响骨干枝的生长，应该轻剪缓放，尽量增加结果量。影响骨干枝生长时，视其影响的程度，或去强留弱、适当疏枝、轻度回缩，或从基部疏除。

（3）结果枝组　结果枝组是骨干枝和大辅养枝上年年结果的多年生枝群，是结果的基本单位。花椒连续结果能力强，容易形成鸡爪状小结果枝组，这种枝组虽培养快，但寿命较短，也不容易更新，所以必须注意配置较多的大、中型结果枝组。特别是在骨干枝的中、后部，初果期就要注意培养大、中型结果枝组，进入盛果期以后再培养大中型结果支组就比较困难了。培养大型结果枝组，可于第一年、第二年连续两年短截，培养延长枝，第三年再适当回缩。培养小结果枝，可于第一年短截，第二年缓放。各类结果枝组在干枝上应交错分布。

4. 盛果期的树体修剪

花椒树进入盛果期后，修剪的主要任务是维持健壮而稳定的树势，继续培养和调整各类结果枝组，维持结果枝组的长势和连续结果能力。

（1）骨干枝　盛果期后，外围枝大部分已成为结果枝，长势变弱，可用长果枝带头，使树冠保持在一定的范围内，适当疏间外围枝，以增强内膛枝条的长势；骨干枝的枝头开始下垂时，应及时回缩，用斜上生长的强壮枝组复壮枝头；要注意采取抑强扶弱的修剪方法，均衡各级骨干枝之间的关系，维持良好的树体结构；枝条密挤时要疏除多余的临时性辅养枝，有空间的可回缩改造成大型结果枝组。

（2）结果枝组　小型枝组容易衰退，要及时疏除细弱的分枝，保留强壮分枝，适当短截部分结果后的枝条，复壮其生长、结果能力。大型枝组一般不易衰退，应控制生长势力，把直立枝组引向两侧，对侧生枝组不断抬高枝头角度，采用回缩方法，控制延伸，以免枝组产生前强后弱的现象。进入盛果期后，已结果多年的结果枝组要及时进行修剪。一般采用回缩和疏枝相结合的方法，回缩延伸过长、过高和生长衰弱的枝组，在枝组内疏间过密的细弱枝，提高中、长果枝的比例。在修剪中更需注意骨干枝后的中、小枝组的更新复壮和直立生长的大枝组的控制。

（3）徒长枝　花椒进入结果期后，常从根颈和主干上发出萌蘖枝，消耗养分，影响透光，扰乱树形，要及早剪掉。剪除萌蘖枝是夏季的重要管理措施。对于骨干枝后部或内膛缺枝部位萌发的徒长枝，可改造成为内膛结果枝组，增加结果部位。徒长枝改造成为内膛结果枝组时，应选择生长中庸的侧生枝，夏季生长至 30~40 厘米时摘心，冬剪时再去强留弱。

5. 放任生长椒树的修剪

改造放任生长的椒树骨干枝多，枝条紊乱，内膛空虚，枝条细弱，产量低而不稳。放任生长椒树的修剪改造，应从改善树体结构，复壮枝头，增强主侧枝的长势着手。

（1）修剪方法　放任生长椒树的树形多种多样，一般多改造成自然开心形，有的也可改造成自然半圆形，无主干的改造成自然丛状形。放任生长树一般大枝（主侧枝）过多，修剪前，首先要对树体进行细致的观察分析，根据空间对大枝进行整体安排，疏除严重扰乱树形的过密枝和中、后部光秃严重的重叠枝、交叉枝。骨干枝的疏除量大时，可有计划地在 2~3 年内完成，有的可先回缩，以免一次疏除过多，使树体失去平衡，影响树势和当年产量。树冠的外围枝大多数为细弱枝，有的成下垂枝，对于影响光照的过密枝，应适当疏间，下垂的要适当回缩，抬高角度，使枝头既能结果，又能抽生比较强的枝条。疏除过多的枝后改善了光照条件，对原有的枝组，要采取缩放结合的方法，抬高枝头角度，增强生长势力，提高整个树冠的有效结果面积。

骨干枝上萌发的徒长枝，无用的要在夏季及时疏除，同时应合理利用徒长枝，根据空间大小，有计划地培养内膛结果枝组，增加结果部位。内膛枝组的培养，应以大、中型结果枝组为主，以斜侧枝组为主。

（2）分年改造　大树改造修剪，可分 3 年完成。第一年，以疏除过多的大枝为主，总体上解决大枝过密问题，同时要对主侧枝的领导枝进行适度回缩，用角度小、长势强的枝组代替枝头，以复壮主、侧枝的长势。第二年主要是结果枝组的复壮，回缩延伸过长、方向不正、生长过弱的枝，选留好枝组的带头枝，增加长势，稳定结果部位；疏间细弱的结果枝，增加中、长果枝的比例；有选择的利用主侧枝中、后部的徒长枝培养成结果枝组。第三年，主要继续养好内膛结果枝组，增加结果部位，更新衰老枝组。

五、园地管理

由于受梯田的限制，坡地椒园的花椒植株，土壤空间较小，土壤水肥的消耗量大，若不加强以水肥为中心的园地管理，土壤肥力将逐年下降，使椒园丧失生产能力。

1. 土壤保墒

坡地椒园无地下水补给，大面积人工灌水也是不现实的，唯一的水分来源是自然降水，除隔坡梯田整地合理利用坡面径流、富集梯田的水分外，如何保墒是土壤水分管理的一个十分重要的措施，常用的保墒措施如下。

（1）地面覆盖塑膜　地面覆膜，不仅可以提高土壤温度，而且可以减少土壤水分蒸发，有效的增加土壤含水率（表 1-3），单株干椒产量提高 14.1%。

表 1-3　覆膜对土壤含水率的影响　　单位：厘米

测定时间	对照点含水率（%）				覆膜地段含水率（%）				备注
	0~10	11~20	21~30	平均	0~10	11~20	21~30	平均	

（续表）

测定时间	对照点含水率（%）				覆膜地段含水率（%）				备注
	0~10	11~20	21~30	平均	0~10	11~20	21~30	平均	
4月中旬	12.0	16.3	17.5	15.3	13.8	16.8	17.7	16.1	表中数字系雨前测定结果
6月下旬	19.6	17.6	14.8	17.3	20.8	17.7	16.1	18.2	
8月上旬	12.9	12.2	11.1	12.1	15.6	13.8	13.2	14.2	

塑膜覆盖面积不宜小于 1 平方米。覆膜时以树干为中心，将中间的土向四周扒开，成一个浅锅底形，以利雨水向椒树根际处渗流，增加覆膜效果。覆膜后，上面盖 3 厘米左右的土，一般的农用塑膜可以保持 3 年不破裂。

（2）覆盖石块　石质山地石块较多，把石块压盖在田面上，也可以有效的减少土壤水分的蒸发，而且操作简单。

（3）覆盖作物秸秆　用作物秸秆覆盖田面，一是可以保墒；二是秸秆腐烂可增加土壤的有机质和养分含量，一举两得。

（4）中耕、深翻　中耕、深翻也是一项重要的保墒措施，可以结合除草、施肥进行，也可以单独进行。

2. 施肥

花椒树生长发育过程中，消耗的土壤养分是很多的，结果盛期的石灰岩山地椒园，5 月中旬与 8 月上旬（果实成熟阶段）相比，在一个生长季节中土壤内的养分含量变化很大，速效钾降低了 32.8%，在氮、磷、钾土壤养分三要素中，氮消耗的最多。可见，坡地椒园若不及时补充肥料，是难以获得高产的。

（1）基肥　基肥是直接补充土壤养分，并在较长时间内供花椒树生长发育需要的施肥方法。坡地椒园运输不便，为了减轻施肥的劳力投入，应以养分含量高的肥料为主。各种饼肥、人粪、羊粪、鸡粪，和尿素、硝酸铵、硫酸铵、过磷酸钙、氮磷复合肥等化学肥料，养分含量都比较高的。施肥时应以有机肥为主，有机肥与化肥相结合，或相间使用，不能只施化肥而不施有机肥。

花椒树过去多于春季或晚秋施用肥料。一般果实于 8 月成熟，采收后花椒树还有一段生长时间，因此在果实采收后紧接着施基肥最为合适，可以加速有机肥的腐熟分解，有利于施肥时伤根的愈合和树木对养分的吸收，提高树体营养物质的积累储备，可提高来年的坐果率和果穗的结果粒数。而且此时夏忙阶段已过，可以合理安排劳动力。

施用基肥要埋入土中。幼树和结果初期的树植株还小可在相当于树冠冠幅处环状挖沟施肥；盛果初期的树，可距树干 0.5 米以外的地方，挖 4~5 条辐射状的沟施肥，近树干处沟要浅些，免得过多损伤根系。盛果期的树木，其根系已布满整个梯田，植株间的根系已有交叉，可在株间挖沟施肥，也可以在田面上普施，通过深翻施入地下。

（2）追肥 追肥主要是满足花椒树某个生长发育阶段的需要，补充基肥的不足。追肥应以速效性肥料为主。为了当年获得较高的产量，多于果实发育期追施。追肥种类视土壤具体情况而定，一般以氮磷为主，以利果实的发育和花芽的分化。追肥最好能根据天气预报，在雨前施入，或在雨后追施，以利肥料的溶解，并尽快为花椒树吸收。

（3）根外追肥 根外追肥也叫叶面喷肥，是将肥料溶液直接喷在叶片上。具有以下面几个优点：可直接被树木吸收，发挥的作用快，一般喷后 10 天，便能通过叶片的变化看出喷肥反应；可以弥补春季干旱不便土壤追肥的不足；简便易行，用肥量少。叶面喷肥的增产效果是明显的（表 1-4）。

表 1-4　叶面喷肥增产效果

项目	鲜椒（千克/株）		干椒（千克/椒）		备注
	产量	比率	产量	比率	

（续表）

项目	鲜椒（千克/株）		干椒（千克/椒）		备　注
	产量	比率	产量	比率	
叶面喷肥	2.33	111.5	0.57	116.3	0.5%尿素溶液5月中旬
对照	2.09	100.0	0.49	100.0	喷洒

叶面喷肥应以速效肥为主，如尿素、磷酸二氢钾、硼酸、钼酸铵等，在这些肥料中，氮肥以尿素、磷肥以磷酸二氢钾效果最好。各种肥料可以单施，也可以于2~3种肥料配合起来使用。用一种肥料喷洒时浓度为0.5%左右，两种肥料混合喷洒时，浓度可稍大些，总浓度控制在0.5%~1%的范围内。春季叶片幼嫩，浓度适当小些。

叶面喷肥主要在春季果实膨大发育这段时间喷洒，一年喷2~3次，前期以氮肥为主，后期氮肥与磷混合喷施。喷肥应选无风的晴天，于10时以前16时以后进行，这时温度较低，蒸发量小，有利叶片吸收。喷洒时叶片的正面反面均要喷到，以叶片沾满肥液雾滴而不滴落为度。

叶面喷肥虽有较明显的增产效果，但不能以此来代替基肥和追肥，应把各种施肥措施有机结合起来，才能收到理想的效果。

3. 中耕除草

中耕除草，可以疏松土壤有利蓄水保墒，防止园地荒芜，减少杂草的水肥消耗。除草要除早、除小、除了，在杂草结籽前要普锄一次，铲除田面和梯田地埂上的杂草，以减少次年杂草的种子来源。

4. 间作坡地

椒园在幼龄阶段也可进行间作，一般间作时间为1~4年，树木较大时，再行间作就不太方便了。通过间作不仅可以生产粮食增加收入，而且通过作物的中耕、除草、施肥、土地深翻等农事活动，也可为花椒树的生长创造良好的条件。

间种时，不能距花椒树太近，宜选用豆类、薯类、瓜菜等低矮作物，切不可间种高粱、玉米等高秆作物，以免影响椒树的树冠发育和新梢生长。

5. 梯田修整

坡地椒园是以梯田为基础的，生产过程中要防止梯田的坍塌。每年都要不断加固梯田的田埂和拦水埂，使梯田的田面保持反坡状态，防止梯田内产生径流。大雨、暴雨后坍塌的地段要马上修固，不使继续扩大。黄土丘陵地区可于梯田的外侧种植多年生绿肥植物，形成生物地埂，梯田田面较宽时，也可种植紫穗槐等灌木，既增强了梯田的防冲抗塌能力，也可用来压青沤肥，提高土壤肥力。

六、低产花椒园改造

在实际生产中，由于管理等原因，有些花椒园产量低而不稳，经济效益低下，失去了发展花椒的目的。应积极认真地进行改造。

1. 整个梯田

土壤是花椒树生长发育的基础，梯田失修，保水保肥能力差，是形成低产园的重要原因。

对于失修的梯田，要加固梯田地埂，把田面修整为反坡状，增加保水保肥能力，重修梯田上的拦水土埂，防止田面产生径流，引起水土流失。

对于土层较薄的梯田，要加厚土层。加厚土层的工程量大，可采取逐年培土的方法进行。一般于落叶后培土，培土可与施基肥结合起来，每株施有机肥 50 千克，以氮磷为主的化肥 1 千克（若有条件可灌水 50 千克），水渗后田面培土 5~10 厘米，株距较大时可先在略大于树冠投影范围内进行，株距较小时，宜整个梯田普遍培土，通过逐年培土，使梯田的土层厚度达到80~100厘米。土层较薄又无土壤来源进行培土的低产椒园，应通过降低密度，加强保墒（如田面覆盖作物秸秆，即能保墒，腐烂后又可增加土壤腐殖质），减少土壤的水分消耗，使花椒树与土壤间的水分供需矛盾尽可能的达到统一。同时加强中耕清除杂草，免得与花椒树争夺肥水。

2. 深翻

深翻可以疏松土壤，增加蓄水保墒能力，增加活土层深度，可以促进花椒树深层根系的发育，增加深层的根系数量，提高抗旱能力，可以促进表层根系的更新，防止根系交错盘结。深翻应于早春土壤刚解冻时或秋季摘椒后进行，深度15~25厘米，靠近树干周围要浅一些，不要损伤较大的侧根，远离树干逐渐加深。深翻至少一年进行一次，有条件时可一年进行两次（春秋各一次），深翻可与施基肥结合起来，以节省用工。

3. 增施肥料

提高土壤肥力除在秋季或早春结合深翻、培土施基肥外，应于春季开花时期和6月下旬、7月上旬花芽分化初期进行两次追肥，追肥应选有机肥和氮磷相搭配的化肥。若因天旱不能及时追时，要进行叶面喷肥（尿素、磷酸二氢钾溶液效果最好，浓度为0.5%~1%），于5月上旬到7月上旬喷洒3次。

4. 修剪

低产椒园一般枝条紊乱，树形欠佳，进行修剪和树形改造时，要因树制宜，不能千篇一律。

有主干的低产树，可改造为自然开心形，视情况留3~4个主枝，每个主枝上留2~3个侧枝，主枝和侧枝的空间分布要合理搭配，错落有序，不能有的地方密有的地方疏。无明显主干的可改造为丛状形，留4~5个主枝，每个主枝上留1~2个侧枝。如需疏除的大枝数量较多，树形的调整应分年度完成。

在调整改造树形时，对于影响光照的重叠枝、交叉枝、平行枝、拥挤枝、病虫枝、徒长枝要进行疏除，或疏一留一或缩到壮枝壮芽处。能填补树体空当的徒长枝，可作为侧枝或结果枝组培养。结果枝组内的密集枝、细弱枝和下垂枝亦要疏除。

5. 防治病虫害

参照病虫害防治部分。

七、冻害预防

花椒是一个喜温树种，遇冬春节季的异常气候，常使花椒树遭受冻害，轻者造成小枝不同程度的干枯，重者使主枝甚至主干皮层崩裂，整株死亡。尤其是山地花椒园，气候变化大，预防冻害更为重要。

1. 选好园址

山地花椒园选好园址是预防冻害的根本措施，在海拔较高的地方更为重要。1984 年 12 月平顺花椒园发生了一次大面积冻害，据次年春季调查，阳坡和背风处的花椒树的受害情况比半阴坡和风口处轻得多（表 1-5）。

表 1-5　不同地形花椒树受冻情况

地形特点	受冻株率（%）	整株死亡率（%）	主枝死亡株率（%）	小枝死亡株率（%）
阳坡	20.6	3.2	7.9	9.5
半阴坡	100.0	22.3	30.4	47.3
背风处	18.2	0.1	0.8	17.3
风口处	98.8	27.0	30.0	36.1

2. 加强抚育管理

注意增施磷肥。平时注意椒园的抚育管理，适当增施磷肥，培育强壮的树势，提高树体的充实程度，是预防冻害的基础，

*也是受冻后恢复树势的基础，关于施肥方法，可参照前面有关*的部分。

3. 培土或埋土

容易遭受冻害的地方，上冻前于树干基部培土，高 50 厘米，预防主干受冻，2~3 年生的幼树，可压倒整株埋土，来年春土壤解冻时，将土扒开。

4. 树干涂白

用鲜牛粪、生石灰和硫黄粉制成涂白剂，刷在树干上，也有一定的防冻效果，涂白可与树干基部培土结合起来进行。

5. 熏烟防冻

遇辐射霜冻时（无风晴朗天气情况下的霜冻），在花椒园内堆积杂草、作物碎秸秆，在黎明之前点火生烟（只有烟而无火焰）防霜冻，可起到积极的作用。

6. 受冻株的处理

受冻植株主干、主枝上冻裂的伤口，春季萌动前用 100 倍的波尔多液涂抹冻伤口，以防细菌侵染。受冻干枯的枝梢于萌发前将干死的部分剪去，及时进行追肥或叶面喷肥，尽快恢复树势。受冻植株树势较弱，易遭病虫害，应积极预防。

八、坡地椒园的效益

营建坡地椒园整地工程量较大，建园的投入较多，其经济效益、水土保持效益如何呢，是人们关心的一个问题。现以留村的石灰岩山地 17 年生坡地椒园为例，做一简单分析。

1. 投入产出比值高

根据山西省平顺县留村 17 年生坡地椒园，它的整地、苗木、造林等工料要一次性投入；施肥、整形修剪、中耕除草、病虫害防治、梯田修整、采收、加工等工作所需开支要连续性投入。最后得到干椒、种子、花椒油、油饼等产品。投入产出比为 1：19.6，总产出相当于总投入的近 20 倍，经济效益是十分明显的。

2. 水土保持效益明显

通过修筑梯田及椒园的土壤管理，明显地改善了土壤的物理性状，提高了土壤的保持水土的性能，通过实验证实，椒园土壤的毛管最大持水理比荒坡提高 6.3%，渗吸能力比荒坡提高 42.3%。如山西省平顺县刘家村 1987 年 7 月 15 日 2 小时降水 108 毫米，坡地椒园安然无恙，无明显水土流失现象。

通过投入产出比及水土保持效益的分析，可以看出，营建坡地椒园经济、生态效益均很好，是一种致富发家的值得推广的生产经营项目。

第六节 花椒采收

一、采收时期

当果皮的缝合线突起，有少量果皮自然开裂，种子黑色且有光泽时，是花椒成熟的外观标志。

不同品种，不同的栽培环境成熟采收期不同，就花椒品种来说，小红袍成熟较早应及早安排采收，大红袍不易裂果，采收期可延长一个月。同一品种，阳坡栽植的成熟早，半阴坡成熟要晚一些，生长在干旱土壤上的成熟早，而水分条件好的地方成熟晚。应根据不同情况安排采收时间，适时采收。过早干椒产量低，品质也差，过晚果皮开裂难以摘采。

二、采收方法

花椒树为顶生花序，加之枝干有皮刺，对果实采收带来诸多不便。各地都是用手从果穗基部掐摘果穗，也有用剪刀剪摘的。用剪刀摘时一定要注意不能损伤顶花芽，更不能连同小枝一同剪下，这样会降低来年产量。

花椒采收较为费工，一般每个工一天只能采摘鲜椒 10 ~ 15 千克。

三、晾晒

晾晒对花椒品质特别对色泽的影响较大，应选晴朗天气采摘，采摘的椒果要及时运回晾晒，当天采收的椒果当天晾晒，未晒干的，摊放在避雨通风的地方。阴雨天露水过大的天气不要采摘。

目前我们可以采用专用的花椒烘干机，从而快捷、高效、经济地将刚采摘下来的花椒及时烘干，保证花椒的色泽和品质。但要特别注意温度调节控制，以免影响种子的质量。

作种子用的椒果，除适时采收外（千万不得早采），不要在晴朗的中午采摘，更不要暴晒。

晾晒时，将椒果摊放在架空的苇席上，当椒果裂开露出种子时，轻轻敲打，使种子落下，将果皮与种子分开，分别装于麻袋中，贮藏在阴凉、干燥的地方。

第七节　主要病虫害防治

病虫害是影响花椒生产的重要因素之一。仅山西省花椒树有近 120 种害虫，10 多种病害，常见的病虫害有 20 多种，造成较大的经济损失的约 10 种。以山西省平顺县为例，在 5 个乡调查，十几年以上的结椒树，因黄带球虎天牛为害而造成 2.5 万余株椒树死亡，年经济损失 11 万多元。不少产区由于各种害虫的严重为害，致使花椒产量下降，品质降纸，树势衰弱，甚至造成整枝、整株死亡，严重地阻碍花椒生产的发展，挫伤了椒农种植花椒树的积极性。特别是在花椒主要产区，因花椒树由各家各户分散管理，对病虫害不能统一联防联治，致使天牛、蚜虫、桔啮跳甲、花椒凤蝶等主要害虫，近年来为害猖獗。

一、主要花椒害虫防治

山西省花椒主要害虫约有 9 种，各地害虫的形态特征、生物学特性和防治方法分述如下。

1. 花椒蚜虫

（1）形态特征及发生规律　花椒蚜虫是为害花椒的一大类群蚜虫的统称，皆隶属于同翅目，蚜科、俗称油汗，腻虫。其优势种群为棉蚜，占到总虫口密度的 95% 以上，是山西省各花椒产区普遍发生的重要害虫之一。棉蚜常群集于椒树的幼嫩部位，刺吸树本的营养物质，严重时可造成叶片卷曲、嫩梢萎蔫、落花、落果等，不但影响产量、品质，而且造成树势衰弱。此外，其分泌的蜜露常诱致病菌的寄生。

棉蚜每年发生 10~20 代，以卵在花椒树的一年生枝条叶芽和叶痕的凹皱处越冬。翌年 4 月上旬，当气温上升到 6℃ 时开始孵化，初孵若蚜在刚萌发的花椒叶芽上爬行，并在叶芽缝间隐蔽吸食为害，随气温的升高椒叶渐展，花蕾初现，大部分蚜虫转向花蕾的柄基部。5 月中下旬至 6 月上旬翅蚜量急剧上升而达高峰。繁殖力较强，为害极重，造成叶片卷曲、果实凋落、被害树叶片常呈现油光发亮状。6 月中旬以后有翅蚜大量迁飞，花椒树上的蚜虫明显减少，至 6 月下旬、7 月上旬绝迹。此后到秋后 9 月下旬有翅蚜迁回花椒树繁殖 1~3 代，至 10 月末、11 月初陆续产生性蚜，交配、产卵，以卵越冬（图 1-7）。

（2）防治方法　棉蚜的防治目前虽以药剂为主，但正逐渐转向药剂与生物相结合的综合防治。

药剂防治：最好在各有翅蚜大量发生之前进行，以防扩散蔓延。喷药防治应使用内吸剂喷、刷叶面，或采用涂茎、涂叶法，切忌直接向叶背面喷药，以免大量杀伤天敌，在蚜虫最初的点片发生期，要采用点片施药法，不要过早地全面喷药。挂

图1-7　花椒棉蚜虫

1. 有翅胎生雌虫（背面）；2. 无翅胎生雌虫（背面）；3. 卵；4. 若蚜

果椒树，采收前一个月内严禁喷药。常用的20%灭蚜乳剂4 000倍液效果比较好。常用的触杀及熏蒸杀虫剂有50%敌敌畏乳油1 000~2 000倍液（低温时1 000倍，高温时2 000倍）；烟叶石灰水（用烟叶1份，加水10份浸泡24小时，挤出烟叶水，再加水10份搓揉后挤出汁液；用生石灰半份，加水10份搅匀滤渣，喷药时两者掺在一起，加水30份即成）喷雾，防蚜效果亦很好。

（2）生物防治　利用天敌防治棉蚜，是一种既安全又经济的方法。棉蚜天敌很多，有真菌、昆虫、螨、蜘蛛等。捕食性的有瓢虫科、草蛉科、食蚜蝇科、瘿蚊科、斑腹蝇科、姬猎蝽科和花蝽科的昆虫及蜘蛛等，一头成虫或幼虫日食蚜量达十头甚至百余头，蜘蛛捕食量更多，在70~200头；寄生性天敌有蚜茧蜂科、绒螨以及天敌病原体中的蚜霉菌等。利用天敌的生活习性或寄生特性可采取如下措施。

①5月上旬，早晨用捕虫网在麦田捕捉七星瓢虫的成虫和幼虫，放到椒树上，瓢蚜比达到1∶200即可。

②在山上垒摆石头堆或在田间安置人工招瓢虫、越冬箱（类似于气象站的百叶箱，箱内南面放4~5个直径1~2厘米，长35厘米的圆低筒），内放天敌瓢虫的尸体可扣引瓢虫群聚。

③在椒树上喷洒人工蜜露或蔗糖液亦可引诱十三星瓢虫等天敌。

④各生长季节在椒园附近适当栽植一定数量的开花经济植物，为食蚜蝇等天敌的成虫提供花粉、花蜜、蜜露以及转移寄主，使其安家治蚜。

2. 花椒天牛

花椒天牛是花椒树的主要蛀干害虫，花椒产区发生普遍，为害十分严重，天牛种类繁多，为害部位各异，在花椒产区发生的主要种类有为害主干的黄带球虎天牛，为害枝干的二斑黑绒天牛、红绿天牛，为害枝条的台湾狭天牛。

（1）黄带球虎天牛　属鞘翅目，天牛科，是山西的平顺、黎城、潞城、左权、定襄、五台、盂县等太行山花椒产区发生严重的一种蛀干害虫。该虫在结椒成龄树上为害，严重时一株树可达百头以上，主干和主枝布满虫孔，影响椒树产量，严重的则整株死亡。

其成虫长 15～22 毫米，宽 5～8 毫米，全体黑色，被黄色短毛，色鲜艳，头小，复眼黑色，肾形。触角 11 节，线状。翅肩突起，鞘翅覆盖整个腹部，每个鞘翅上有黄色带三条：第一条在翅肩后，半圆形；第二条在翅的中部，呈一字形；第三条在翅的端部，呈半圆形。胸足 3 对，黑色。腹面黄黑色相间，腹部腹面可见 5 节。幼虫体扁平，柔软，初孵化时呈乳白色，老熟后呈黄白色，头小、胸宽、无足，体光滑，活动迟笨，腹部 10 节，各节凸起显著，老熟后体长 26～30 毫米。

黄带球虎天牛在太行山产椒区一年发生一代，以幼虫在韧皮部和木质部越冬。由于成虫发生期较长，产卵不整齐，造成了越冬虫龄的不一致和侵入树体深度的不一致。幼虫在翌年 3 月下旬开始活动，幼虫期长达 10 个月。5 月上旬在木质部越冬的老熟幼虫先行化蛹，随即在韧皮部、形成层越冬的幼虫也逐渐老熟，陆续蛀入木质部化蛹，6 月上中旬为出蛹盛期，前后延续 60 余天。蛹期 14～20 天，5 月下旬成虫开始羽化，6 月下旬至 7 月上旬成虫出洞、交尾。产卵高峰期于 7 月下旬结束，前后延续 60 余天。初孵幼虫多集中在皮下为害，致使椒树出现新虫孔，虫孔处出现新鲜黄色虫类，树体流胶孔增多。进入 10 月幼虫活动逐渐减弱，11 月初进入越冬休眠状态。据观察，8—9 月幼虫主要集中在皮层为害，是防治的最适时期。

（2）二斑黑绒天牛 属鞘翅目，天牛科。别名花椒钻心虫。山西省黎城、平顺、潞城、左权、壶关、垣曲、盂县、定襄、五台等花椒产区都有发生，是花椒的重要害虫之一。主要以幼虫蛀食椒树枝条和树干，其为害特点是先枝条、枝干、再到主干，潜居韧皮部、木质部蛀食，轻者造成树势衰弱，椒叶发黄，木质变脆，树干、枝条易被风吹折断，形成枯枝，结椒稀少，严重者整个椒树被蛀空而枯死。

成虫体长 22~28 毫米，宽 6~8 毫米，黑色而略带紫蓝色。每个鞘翅基部末端至中部稍后有 1 条黄褐色宽横带，把鞘翅分成黑、黄、黑略相等的三部分，黑蓝部分着生黑色短绒毛，黄褐部分着生淡黄色短绒毛。触角 11 节，约为体长的 3/5，柄节记得点粗密，1~4 节为黑色，5~11 节为黄褐色，第 6~10 节外端角尖锐。前胸背板宽大于长，表面有细密刻点，着生浓黑绒毛，侧刺突粗壮而短钝。初孵幼虫淡黄色，渐黄色、深黄色。老熟幼虫体长 37 毫米左右，头黄褐色，前胸背板的硬皮板长方形，腹部 10 节，3 对胸足退化成刺尖。

二斑黑绒天牛两年发生 1 代，当年 6 月底到 8 月底为成虫期。成虫出现后当天交尾，5~6 天后产卵，卵产在 1~2 年生的嫩枝皮下，经 9 天左右孵化，8 月上中旬为孵化盛期，幼虫钻入椒树上部嫩枝条内蛀食为害韧皮。11 月上旬以 2~3 龄幼虫在顶端 25~40 厘米处蛀食虫道越冬，来年 3 月中旬开始由枝条向主枝或主干蛀食为害，并以高龄幼虫在虫道中越冬。第三年继续为害木质部，直至 6 月中旬开始化蛹，7 月上旬为化蛹盛期，蛹经 14~15 天羽化，7 月上旬为羽化始期，7 月下旬为盛期，8 月下旬为羽化末期。成虫羽化后 1 天就开始活动，钻出孔外，受惊时，能短距离飞行。一般产卵于当年新梢上，将枝皮刺破，把卵产于树皮下，1 处 1 米，最多 2 米。幼虫在木质部往返蛀食，虫道回旋交错。在枝干内蛀食一定距离，向外开一个排粪孔，故可以粪便的新鲜与陈旧，认别孔内有虫无虫，以粪粒的大小，排粪量多少辨别孔内幼虫的大小。

（3）台湾狭天牛　属鞘翅目、天牛科。俗名花椒枝天牛，是花椒树的重要蛀枝害虫之一。该虫特别喜欢集中为害衰弱枝条，以 2~5 年生的结椒枝条受害较重。在山西的平顺及太谷、盂县、定襄、左权、黎城、芮城等县均有分布。

成虫体长 4.5~9 毫米，体宽 1~1.5 毫米，雄虫较雌虫略小，体细长稍扁，淡褐色，被短绒毛，头部和前胸近等宽。触角丝状 11 节，略长于体长，节粗大，端半部膨大似棒状，第 2 节最小，近球形，其余各节相似，均细长，第 1、2 节色较深。前胸细长，前缘窄于头宽，中部两侧各有 1 圆形突起，近后缘缢缩；前胸显著窄于鞘翅基部，鞘翅狭长，表面各有 3 条淡黄白色斑纹。幼虫老熟时体长 8~10 毫米，体宽 2~2.5 毫米，乳白色，全体被白色短茸毛，头部大部分隐于前胸内，口器外露，黑褐色。腹部 13 节，由前向后渐细，无足。

台湾狭天牛在山西省花椒产区，多数 1 年发生 1 代，少数 3 年发生 2 代，发生期不甚整齐。1 年发生 1 代者，以幼虫在隧道内越冬，次春 4 月上旬继续为害，至 5 月下旬陆续老熟化蛹，6 月上旬为化蛹盛期，下旬为末期。蛹期 15 天左右，6 月下旬开始羽化，成虫经 7 天左右出枝。7 月初前后田间始见成虫，7 月中旬前后盛期。成虫出枝后 2~3 天开始产卵，卵期 7~10 天。幼虫孵化后即蛀入皮层中为害，到秋后 10 月中下旬于隧道内越冬。少数发生迟者，越冬幼虫第 2 年为害至秋末 10 月中旬才老熟化蛹，化蛹早者当年可羽化，但不咬破羽化孔，即于蛹室内越冬，化蛹迟者即以蛹越冬，第3年春越冬成虫方咬破羽化孔出枝或越冬化蛹后咬破羽化孔出枝。成虫出枝后交尾产卵。卵散产于衰弱和半枯死的枝条，以2~5年生枝落卵较多，一般每隔5~7厘米产1粒卵，偶有2粒卵产在一起。幼虫孵化后即由卵壳下蛀入表皮，于皮层中蛀食，粪便与碎屑排于体后，充塞于隧道中。随虫体的增长而逐渐蛀到木质部与韧皮部之间和木质部内为害，均食成凹沟。近老熟时方蛀入在木质部内。老熟时便于木质部内隧道的末端蛀一长10~14毫米的蛹室，后端有粪便与木屑充塞，头向隧道端部化蛹。

（4）红缘天牛　属鞘翅目、天牛科。俗名红条天牛，红缘亚天牛，分布于山西省忻州以南各县，是一种食性广的钻蛀害虫，为害苹果、梨、枣、酸枣、葡萄、榆、刺槐、花椒等枝干，幼虫于枝干皮层、木质部内蛀食，轻者削弱树势，重者造成整枝或整树枯死。

形态特征：成虫体狭长，黑色，雌虫体长19.5毫米，宽6毫米左右，雄虫稍小，11毫米×3.5毫米左右，头短密生刻点，有灰白色细长竖毛，前部的毛色深而密。触角丝状，细长，11节，雌虫略与体等长，雄虫触角约为体长的2倍。前胸宽稍大于长，表现刻点密而深，排列均匀呈网纹状，被灰色细长竖毛，小盾片呈等边三角形。鞘翅狭长而扁，两侧缘平行，末端钝圆，基部各有一朱红色椭圆形斑，外缘有一朱红色窄条，翅面刻点较胸面的小，向后渐细密。翅面被黑色短毛，红斑上为灰白色长毛。腹面布有刻点及灰白色细长柔毛。前、中胸腹板刻点粗而密。足细长。幼虫体长22毫米左右，乳白色腹部13节，由前向后渐细，第1节粗大，背板前方骨化部分深褐色，中央有1纵横的淡黄色带，将深褐色部分分成四块（图1-8）。

生活史及习性：红缘天牛在当地1年发生1代，以幼虫在

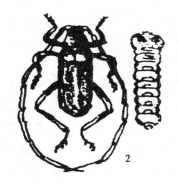

图1-8　花椒天牛

1. 花椒球虎天牛；2. 红缘天牛

被害枝干的皮层或木质部越冬，3月恢复活动，继续为害。4月下旬至5月上旬陆续老熟，于隧道端部化蛹。5月下旬至6月上旬羽化，成虫羽化后咬破羽化孔爬出，交尾、产卵，多产于直径0.5~3厘米的枝干的各种缝隙内。幼虫孵化后先蛀入皮下，于韧皮部与木质之间为害，逐渐蛀入木质部于髓心为害，严重时可将内部蛀空，至10月以后在隧首端部越冬。幼虫为害部的外表不易看出，没有通气排粪孔。

防治方法：天牛是花椒树的主要蛀干害虫，在花椒产区发生普遍，为害十分严重，天牛种类繁多，为害部位各异，所以防治花椒天牛应采取药剂防治和人工防治及生物防治相结合的方法。

①药液涂干法：于每年3月底4月初，用柴油+菊酯类渗透性好5倍液，用刷子蘸药液涂刷被害处，对皮下幼虫进行防治，其防治效果显著。据调查取证药液涂干防治黄带球虎天牛效果可达93.8%，并且对花椒开花结果无影响。

②毒签熏杀幼虫：根据幼虫老熟后蛀入花椒树干髓部做蛹

室化蛹的特性。于 5 月底 6 月初将毒签插入虫孔。孔口塞湿泥，以防毒气从孔口挥发掉，幼虫死亡率达 90.5%，是防治黄带球虎天牛老熟幼虫的有效方法。对二斑黑绒天牛防治效果也很好。

③用 56% 的磷化铝片熏蒸：大洞投 1 片，小洞投半片，然后用塑膜包扎孔口，进行熏蒸，可收到 100% 的防治效果。

④在成虫开始羽化时，喷洒 50% 敌敌畏 800 倍液，毒杀新羽化成虫。

⑤在成虫盛发期，喷乐果 1 000~1 500 倍液或敌敌畏 1 000 倍液，将成虫消灭在产卵之前。

⑥用麦秆蘸些溴氰菊酯与敌敌畏各 50 倍的混合液塞入洞内，外边用土封住会效果良好，4—10 月任何时期进行防治均可，但最好在 4 月进行，因此时树刚发芽，枝干上有新木屑推出易于发现，并对当年丰产有重要作用。

⑦蛀孔内注射 10 倍各种防虫药液，都可收到比较满意的防治效果。

⑧成虫发生前，在树干和主枝基部涂刷白涂剂，可防止成虫产卵。白涂剂的配刷是 10 份生石灰，1 份硫黄和 40 份水。

人工防治的方法主要如下。

①4 月中下旬，幼虫 1~3 龄时在韧皮部取食，被害部位流出黄褐色树液，可用刀尖挑刺。5 月中下旬幼虫进入木质部，可用钢丝钩杀。

②成虫发生期，可于早、晚在树干上捕杀。

③被害枯死的枝干要及时剪除烧掉，消灭枝、干中的虫源，减低虫口密度。

④结合花椒树的整形修剪，剪除虫枝，对台湾狭天牛和二斑黑绒天牛低龄幼虫的防治效果很好。

（3）生物防治　培养肿腿蜂以 1∶2（1 条幼虫∶2 条肿腿

蜂）于每年 4 月中旬释放。

3. 桔啮跳甲

（1）为害症状　花椒桔啮跳甲属鞘翅目，叶甲科。俗称花椒潜叶跳甲，红猴子等。是花椒树的主要害虫之一，成虫、幼虫为害花椒叶片，造成花椒树大量减产和死亡。各地均有分布。该虫是一种恶性食叶害虫，专为害花椒叶片，尚未发现其他寄主，以幼虫潜食叶肉，造成大量椒叶只剩上下表皮，最后焦枯。成虫直接咬食叶片，造成缺刻，前期造成叶片减少，影响光合作用进行和营养制造、积累，后期导致椒树早期落叶，造成二次长叶，消耗大量水分、养分，降低冬季抗冻能力，来年不结椒或结椒很少。

（2）形态特征　成虫卵圆形，体长 5 毫米，宽 2.7 毫米左右，头黑色，下口式，眼圆形，着生位置接近前胸，触角长约 1.5 毫米，丝状，11 节，着生于复眼下方。前胸背板和鞘翅赭红色，鞘翅上具有数条细微的纵列点刻，臀部全被鞘翅覆盖，三对足黑色。卵粒椭圆形，长 8.8 毫米，宽 0.40 毫米，乳白色，顶部有透明小孔。呈块状聚集，上覆褐色网状胶质物。幼虫三对胸足，无腹足，初龄虫体乳白色，头和胸足黑色，从胸背于尾部有一条淡黑色带，胸部具有黑点。老熟幼虫长约 7 毫米，体扁，头足黑褐色，胸部 8 节，白色，多皱纹，臀板褐色（图 1-9）。

（3）生活史及习性　此虫一年发生两代。以成虫潜入树冠下 3~6 厘米深处和树基部的土壤中越冬。第二年 4 月中旬越冬成虫开始出土，4 月下旬到 5 月上旬开始上树，取食叶片，5 月中旬大量上树取食叶芽，并开始交尾，5 月下旬到 6 月上旬为交尾、产卵盛期。成虫不惊动时，一般昼夜伏在叶背不多活动，当受惊时，弹跳逃避，飞 1~3 米远。多产卵于叶背尖端的半片叶上，成块状，上覆盖褐色胶质物好似半颗花椒皮扣卵上，每

图1-9 花椒桔啮跳甲

块卵有14~27粒。6月上旬开始出现一代幼虫，初孵幼虫不出卵块上覆盖的胶质硬壳就直接潜入叶肉为害。6月中旬为第一代卵孵化高峰期，也是该虫第一个为害峰期。幼虫经15天左右钻出叶面落地入土化蛹，蛹期10~12天。6月下旬到7月上旬为蛹盛期。7月下旬第二代幼虫开始出现，8月中旬为第二代幼虫高峰期，也是该虫第二个为害高峰期。8月下旬化蛹，9月中旬第二代成虫出现，直至10月中旬成虫在花椒树基部和树冠下3~6厘米深的土壤里越冬。

（4）防治方法 根据花椒桔啮跳甲在土中越冬的特点，除大力推广深刨培土消灭越冬成虫外，还应进行药物防治。

①地面药剂封闭法：此法可消灭该虫在上树之前。防治时间一般在4月下旬，越冬成虫开始出土前，采用50%的辛硫磷乳油500倍液喷洒地面，然后浅翻（10厘米左右）土壤，防治效果可达79.19%。

②在幼虫为害高峰期，可采用菊酯类药2 000~4 000倍液喷洒树冠，防治效果均在90%左右。

③4月中旬用溴氰菊酯2 000倍液喷洒树冠和地面，毒杀越冬成虫，是争取当年丰收的关键防治措施。

4. 花椒凤蝶

（1）为害症状　属鳞翅目，凤蝶科，是山西省花椒产区普遍发生的害虫之一。该虫主要以幼虫为害叶片，尤其喜食嫩芽、叶及嫩梢，受害幼树的枝干常弯曲多节，对树木的生长发育和结实影响极大，尤以晋南发生较重。

（2）形态特征　成虫体长 18~30 毫米，翅展 66~120 毫米。体色黄绿，体背有黑色背中线。翅黄绿色或黄色，沿脉纹两侧黑色，外缘有黑宽带，带的中间前翅有 8 个、后翅有 6 个黄绿色新月斑，前翅中室端部有 2 黑斑，基部有几条色纵线，后翅外缘呈波状，并有一尾状凸，黑带中散生蓝色磷粉，臀角处有一橙黄色圆斑纹。卵圆球形，直径约 1.5 毫米，稍扁，初产乳白，后为深黄，孵化前紫黑色。卵常产在叶背或芽上，每处一粒。幼虫初龄黑褐色，头尾黄白，似鸟粪，老熟时全体绿色，体长 40~45 毫米，前胸节背面有一对橙色的臭丫腺（臭角）。蛹体长约 30 毫米，淡绿稍带暗褐，体型纺锤形，前端的一对突起明显，呈 "V" 形，胸背有一尖锐突起（图 1-10）。

图 1-10　花椒凤蝶
1. 成虫；2. 幼虫为害状；3. 蛹；4. 卵

（3）生活史及习性　一般一年发生 2~3 代，以蛹越冬。该虫有世代重叠现象，各虫态发生很不整齐，4—10 月均有成虫、卵、幼虫和蛹出现。成虫白天活动，卵产于叶背或芽上，卵期约 7 天。初孵化幼虫为害嫩叶，将叶面咬成小孔，长大后常将叶片吃光，老叶片仅留下主脉，5 龄幼虫生食量最大，一日能食数枚叶片。遇惊动即伸出臭丫腺，放出恶臭气，以拒外敌。老熟幼虫停食不动，体壁发亮，并在枝干、叶柄等部位化蛹，蛹体斜立于枝干上，末端固定，顶端悬空，并有丝缠绕。

（4）防治方法　花椒凤蝶因其幼虫体大易见，越冬蛹挂在枝梢上，防治应以人工捕捉为主，幼虫发生多时，可喷药防治。

①冬季清除越冬蛹。

②发生比较轻微或个别树上有虫时，进行人工捕杀。

③幼虫发生多时，可喷 50%敌百虫 1 000 倍液，80%敌敌畏乳油 1 000 倍液，苏云金杆菌 1 000～2 000 倍液毒杀。

5. 黑绒金龟子

（1）为害症状　鞘翅目，金龟子科。分布很广，食性很杂，寄主植物很多。各地产椒区都有为害。成虫主要食害花椒嫩芽、幼叶及花的柱头，常群集暴食，所以幼树受害更为严重。幼虫咬断花椒幼苗根系及嫩茎，引起椒苗死亡，造成缺苗断垄。

（2）形态特征　成虫体长 7～9 毫米，宽 4.5～6 毫米，初孵化褐色，后转黑褐或黑紫色。体表具有灰黑色绒毛，有光泽。触角 10 节，褐色，前胸背板密布刻点，其侧缘弧形，并有 1 列刺毛；鞘翅上具有数条隆起线，两侧也有刺毛。幼虫乳白色，头部黄色，体有黄褐色细毛，尾部腹板约有 28 根刺，横向排列成单行弧状。蛹体长约 8 毫米，黄褐色，复眼朱红色（图1-11）。

（3）生活史及习性　该虫一年发生 1 代，以成虫在土壤中越冬。3 月中下旬土壤解冻后，越冬成虫即逐渐上升。成虫于日落前后从土里爬出来，飞到树上为害嫩芽和幼叶，21～22 时又

图 1-11　黑绒金龟子

1. 成虫；2. 幼虫

落地钻入土中潜伏。卵期 7~10 天。幼虫以腐殖质和幼根为食，老熟幼虫潜入地下 20~30 厘米深的土壤中作土室化蛹，约 10 天羽化，羽化的成虫即潜伏在土壤中越冬。成虫有较强的趋光性和假死性。

（4）防治方法

①在成虫发生期，利用其假死习性，于傍晚振落捕杀。因该虫为害树种多，同时进行捕杀，才能收到更好的效果。

②利用成虫的趋光性，可用黑光灯诱杀。

③利用苗圃地埂间种蓖麻，金龟子取食后可被蓖麻碱麻醉致死。

④越冬成虫出土高峰期，用地虫克粉于 14~21 时喷撒在成虫出土聚集较多地段，每亩用药 1 千克。

⑤树枝诱杀：利用金龟子喜食植物的鲜嫩枝叶的习性，用 1 000 倍敌百虫液将鲜嫩枝叶浸渍后，堆积在路边诱杀。

⑥成虫大量发生时，可进行树上喷药，喷施 2.5% 的阿维菌素 2 000 倍液或 40% 乐果乳油 1 000 倍液。

⑦用 5% 辛硫磷颗粒剂，每亩 2 千克，或辛硫磷炉渣颗粒剂（即 75% 辛硫磷 25 克，加水 5 千克，拌炉渣 25 千克），每亩 25千克，进行土壤处理，然后再育苗。

6. 花椒窄吉丁

（1）为害症状　花椒窄吉丁，属鞘翅目，吉丁虫科。主要是幼虫蛀食枝干的韧皮部和木质部，切断养分、水分输送的管道，造成大量枝干枯萎死亡。受害部位表面呈黑褐色，继而有棕红色树胶渗出，呈透明琥珀色胶块，枝干被串食一圈后随即死亡。主要为害虫壮龄树，树龄越大受害越重，趋于衰老的树受害最烈。

（2）形态特征　成虫体长 7~10 毫米，宽 2~3 毫米；体黑色，具有紫铜色光泽。鞘翅灰黄，前半部具"S"形黑斑，后半部具飞蝶形与方形黑斑各 1 个。头横宽，密布纵刻纹或刻点；额部具"山"形沟，中沟上抵前胸背板；复眼大，与前背板相连；触角 11 节，鞭节锯齿状。卵扁椭圆形，长 0.8~0.9 毫米，宽 0.45~0.65 毫米。幼虫扁平，乳白色，头和尾突暗褐。蛹长约 9 毫米，宽 2.5~3 毫米，初乳白色，渐变暗黄，近羽化时黑褐色（图 1-12）。

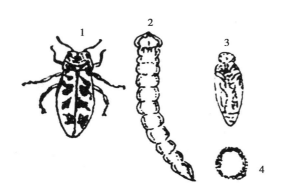

图 1-12　花椒窄吉丁
1. 成虫；2. 幼虫；3. 蛹；4. 卵

（3）生活史及习性　该虫一年 1 代，以幼虫在枝干内 3~10

毫米处越冬。翌年 4 月上旬开始活动,中下旬达盛期,同时有个别老熟幼虫开始化蛹,蛹期 20 天左右。成虫羽化 7~10 天开始出洞,6 月下旬为盛期。成虫在树干粗皮裂缝处产卵,卵期 18~25 天。成虫寿命 12~65 天,7 月初为孵化盛期,幼虫期达 10 个月以上,初孵幼虫先躲在皮缝或覆盖物下,再蛀入韧皮部开始为害。

(4) 防治方法

①用钉锤轻击有流胶处树皮,击死幼虫。消灭在幼虫未蛀入木质部化蛹前。时间可分两个时期:一是幼虫越冬后活动流胶期,主要在 4 月上旬至 5 月上旬;二是从 6 月上旬开始,虫体越小,锤击效果越好,一般可达 90% 以上。

②4 月下旬或 8 月下旬用绿亨阿维 100 倍,绿杀杀死 40 倍液涂抹树皮流胶处,杀死皮下幼虫。

③成虫羽化盛期用 50% 敌敌畏乳剂和 90% 敌百虫 1 000 倍液叶面喷,毒杀成虫。

④清除枯枝,集中烧毁。

二、主要花椒病害防治

1. 花椒锈病

此病在花椒产区普遍发生,发病率一般为 30%~60%,重病区 80%~100%,是花椒主要病害之一。常引起花椒叶大量脱落,影响花椒的产量和品质。

(1) 症状 该病主要为害叶片。发病初期,叶片正面出现点状渍水状退绿斑,叶背面出现锈红色散生夏孢子堆,有的排列成不规则的环状。严重时扩及全叶,叶片枯黄脱落。秋季在病叶背面出现橙红色、近胶质状的冬孢子堆,凸起,但不破裂,圆形或长圆形,排列成环状或散生。被害树往往在一年中萌发出二次新叶,新叶仍然感染此病 (图 1-13)。

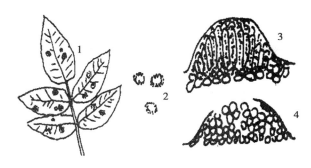

图 1-13　花椒锈病

1. 叶部被害状；2. 夏孢子；3. 冬孢子堆；4. 夏孢子堆

（2）发病规律　花椒叶锈病的夏孢子借风力传播，阴雨有露水的天气有利于叶锈病的发生。发病受降雨和树势的影响很大。降雨早而多的年份发病重；反之发病晚而轻。树势强壮，抵抗病菌浸染能力强，发病轻，树势弱发病重。发病初期，先从树冠下部叶片感染，以后逐渐向树冠上部扩散。

（3）防治方法

①栽植新椒树或建立花椒园，应选择抗病丰产的优良品种，并注意园地选择，栽植密度不要太大。

②加强肥、水管理，铲除杂草，适当修剪，改善植株通风透光条件，促进椒树生长，增强抗病能力。

③晚秋及时剪除病枯枝，清除园内及树下的落叶及杂草，集中烧掉，减少越冬菌源。

④发病初期，喷一次 1：1：1 000 倍波尔多液或 0.3~0.4 度的石硫合剂。发病盛期，可喷 1：2：200 倍波尔多液或 65% 的代森锌 500 倍液 2~3 次，即可控制花椒锈病的发生和为害。

2. 枝枯病

此病在花椒产区也有发生，枝条被害后引起枝条枯死。

（1）症状　病斑常位于大枝基部、小枝分叉处、或幼树主干上。发病初期病斑不明显，后期病斑表皮呈深褐色，边缘黄褐色，干枯而略下陷，微有裂缝，但病斑皮层不立即脱落。病斑多数呈长形，当病斑环绕枝干一周时，上部枝条枯死。秋季病斑上生出许多黑色小粒，即病原菌的分生孢子器。

（2）发病规律　病菌以菌丝体和分生孢子器在病组织内越冬，为翌年初次侵染的主要来源。菌丝越冬后，可在病部继续扩展为害。在一年中，分生孢子器可多次产生孢子，分生孢子借风雨和昆虫等进行传播，一般从伤口侵入。多雨高温季节有利于病害的发生和蔓延。

（3）防治方法　加强椒园栽培管理，增强树势。

①在抚育管理中，避免椒树受伤，防止冻害。结合夏季管理，剪除病枝，集中烧毁。

②对不能剪除的大枝或树干上的病斑，可在刮除病斑后用1%硫酸铜液或1%的抗菌剂（401）液，进行伤口消毒。

③椒园发病较重时，早春可喷一次1：1：100倍波尔多液，也可喷50%退菌特可湿性粉剂500~800倍液进行防治。

3. 炭疽病

此病在有不同程度发生，为害果实、叶片及嫩梢，造成落果、落叶、嫩梢枯死等现象。

（1）症状　发病初期，果实表面有数个褐色小点，呈不规则分布。后期病斑变成褐色或黑色，圆形或近圆形，中央下陷。病斑上有很多褐色至黑色小点，呈轮纹状排列。如天气干燥，病斑中央灰色；阴雨高温天气，病斑上小黑点呈粉红色凸起，即病原菌分生孢子堆。

（2）发病规律　病菌在病果、病枯梢及病叶中越冬，成为次年初次侵染来源。病菌的分生孢子能借风、雨、昆虫等进行传播。在一年中能多次侵染为害，每年6月下旬至7月上旬开始发病，8 月为发病盛期。花椒园如密度过大，通风不良，椒树生长衰弱，遇高温高湿等条件，更易导致病害的发生。

（3）防治方法　加强椒园管理，及时除草松土，促进椒树旺盛生长，并注意椒园通风透光。6 月中旬可喷一次 1∶1∶200 倍波尔多液进行预防，6 月下旬再喷一次 50% 退菌特 800 倍液，8 月可喷 1∶1∶100 倍波尔多液或 50% 退菌特 600～700 倍液进行防治。

第二部分　花椒芽菜生产技术

第二章　花椒芽菜生产技术

第一节　花椒芽菜的概况及栽培历史

一、花椒芽菜概况

花椒芽菜是从花椒产业生产中延伸出来的一种新型产业。花椒芽菜是花椒树上的幼枝嫩叶。花椒芽菜属体芽菜，是采摘于花椒树上的嫩枝、叶、芽。因其均具有独特的麻香风味和丰富的营养，被人们视为珍贵的芽类蔬菜而受到青睐。旧时曾列入皇室贡品，称为"一品椒蕊"，供宫廷享用，是始于清代官府的名菜。北魏贾思勰所著《齐民要术》（625年）卷四《种椒》一书中载有："其叶及青摘取，可以为菹。"《红楼梦》中曾有贾府小姐喜食"椒蕊黄鱼串"的记载。

花椒芽菜又叫作活体蔬菜，绿色蔬菜、保健蔬菜、高效蔬菜、离体蔬菜。

称其为活体蔬菜，是因为它被采摘后，在贮运过程中或者在加工成菜肴之前仍然活着，还可生长，继续保持鲜嫩。

称其为绿色蔬菜，是因为它不仅具有丰富的营养，而且它在发育过程中形成大量的活性植物蛋白，有助于人的消化吸收。营养学家指出，人类每天需要的蛋白质数量，动物蛋白一般需60克，植物蛋白需30克，而在发育过程中的植物活性蛋白仅需15克，这完全说明它是营养的精华。同时，由于它的发育迅速，生长时间短，很少甚至不遭受病虫害侵染，因而很少或是不用农药，其绿色蔬菜的特性由此可见。

称其为保健蔬菜，是因为除了以上介绍的含有丰富的植物活性蛋白和碳水化合物外，还含有丰富的胡萝卜素、维生素 C 等营养物质，对头目肿痛、咳嗽、胃痛及食欲不振等有着良好的防治作用。

称其为高效蔬菜，是因为它的生产周期短，投资少，见效快，目前试验的结果是：当年育苗，当年采摘，当年受益，亩投入平均每年 500 余元，而亩收益在 800 多千克，折合亩收入 15 000 余元，经济效益可观。

称其为离体蔬菜，是因为它被采摘后包装上市，芽体与树体相离。

这种嫩枝叶芽，营养丰富，可生食、凉拌、热炒、做馅、灌装，具有特殊的麻香味，是一种高档绿色食品。

二、花椒芽菜栽培历史

20 世纪 60 年代以来，山西省平顺县的花椒产业有了很大发展。突出表现为：一是普遍营建了梯地椒园和地埂椒园；二是管理由过去的粗放经营转向了集约经营，产量由高低年逐步改造成了年年的稳产高产；三是产业由单一收花椒向收花椒、收芽菜多产品迈进。特别突出的是花椒芽菜逐步形成了规模、形成了种—加—销一体化产业链、形成了成熟的栽培技术体系。

花椒芽菜采用传统栽培方法，只能在春季很短的时间内采集其幼嫩的芽叶，而且不能全部采摘，产量低，加之枝条杂乱，采摘困难，难以形成大批量商品生产。平顺县在引进日光温室和塑料大棚栽培花椒芽菜技术的基础上，经过长期、艰苦的积极探索，逐步形成花椒芽菜集约化生产新技术——采用大田网棚密集囤植栽培技术，取得了良好的效果。从花椒芽菜的"种一茬连收三年"到"种一茬连收六年"，而且做到了"当年播种，当年育苗，当年栽培，当年收获"，使得花椒芽菜生产实现了从日光温室冬春生产走塑料大棚的全年农季生产，从塑料大棚生产走向大田塑料网棚生产，从而实现了花椒芽菜生产的集约化、规模化、集成化、产业化和高效化。

第二节　花椒芽菜的生产方式

目前花椒芽菜的生产主要有两种形式：一种是苗芽菜，苗芽菜是播种花椒籽后，花椒苗长到10多厘米后采摘的芽菜，是一次性的生产方式，这种形式目前在我们做得比较少。一种是体芽菜。体芽菜就是我们现在要说的在一年生以上的椒树上采摘的芽菜。目前我们创新了三种花椒芽菜形式，一是日光温室生产；二是塑料大棚生产；三是大田网棚生产，现在着重谈体芽菜的这三种生产方式。

一、日光温室生产

这是一种最早的生产方式。此方式是在入冬以前将一年生的花椒苗囤积于温室内，然后定干，而后进行一系列的肥水管理，温湿度调节等，打破花椒苗的休眠状态，出芽后进行采摘。目前在其他地方使用的方法是：椒芽成型后采摘，采摘到5月底即停止采摘，然后将树苗移至棚外，恢复树势，休养生息，待生长一夏天到秋季落叶后，入冬前将其移至棚内，扣棚，接着第二年生产。使用这种生产方式的缺点是：产量低，误工多，采摘时间短，从出芽到停止采摘，采摘期只有4个月时间。

二、塑料大棚生产

日光温室生产的优点是早出芽、早采摘、早上市，但投入高、成本高，比较效益低。塑料大棚生产是在分析了日光温室生产过程后在全年农季采摘的基础上创新的一种生产形式。它的优点是投资相对于日光温室低，而产量不减，大大地降低了投入费用，提高了投入产出比。缺点是椒芽出芽比日光温室迟，采摘迟，上市迟。

三、大田网棚生产

这是在以上两种生产方式的基础上又进一步的生产方式，迈出这一步就使花椒芽菜生产走向了大众化生产，其优点是极大地降低了投入费用，而产量仍然不减，此方式极大地提高了投入产出比，效益明显，目前推广的主要也是这种形式。这三种生产方式的投入产出比较状况见表 2-1。

表 2-1　三种生产方式状况比较

项目	投入品	亩均产量（千克）	采摘时长（月）
日光温室	日光温室、棚膜、草帘、防虫网、遮阳网	500	8
塑料大棚	支架、棚膜、防虫网、遮阳网	600	6
大田网棚生产	支架、防虫网、遮阳网	725	5

从以上可以看出，除了出芽迟早和采摘时期的不同和差别外，其余方面的利弊优劣是很明显的。大田网棚生产是在发现可以全年农季采摘的基础上的创新，其投入就目前来说，亩投入一次性 3 000 余元，而产量不减，支架投入 1 000 余元，防虫网投入 2 000 余元，遮阳网投入 3 000 余元，支架可连续使用 10 年以上，防虫网可连续使用 4~5 年，遮阳网可使用两年，这样一次性投入而多年受益。生产流程简易化，生产成本最低化，生产形式大众化，极大地提高了生产的投入产出比，提高了经济效益，目前要做的就是大力推广这种生产形式，这是花椒芽菜走向产业化生产的重要步骤。

第三节　花椒芽菜的生产流程

花椒芽菜的生产流程总的讲分两大段：育苗和芽体生产，具体讲就是：选择品种、精选种子、处理播种、幼苗期管理、苗木期管理、起苗定植、花椒芽菜采摘。这其中的起苗定植主要看情况而定，也就是说，如果是在苗圃地直接生产就省去了起苗定植的程序，更便捷简单。若将以上流程按照各时期特点分作这样三个时期：种子层积期、苗期、采摘期（休眠和椒脑形成期），也说是花椒芽菜生产的三个时期。

一、种子层积期

1. 品种选择

花椒的主要品种有大型、小型和其他类型。大型的有：大椒、狮子头、大红袍、达路椒、娃娃椒等；小椒有：小椒、小红袍、小黄金、茂椒、豆椒、火椒。其他类型的有：秋杂椒、白沙椒、高脚椒、枸椒、臭椒等。

在这诸多品种中，在山西省平顺县花椒芽菜使用的主要品种有大红袍和小椒。大红袍品种抗性强、产量高、出芽较迟，小椒品种相对于大红袍抗性较差，但产量高，出芽较早，从实践看，这两个品种都适宜平顺县的地理自然条件，选择品种时就选这两个为主。

2. 种子选择和处理

确定了使用的花椒品种后，就要开始在所选品种树上选择种子，首先应当选择采种母树，一般要求采种母树在8~15年树龄的优良树，一般在这个树龄段的花椒树树势强健、壮实、结果多，芽梢麻辣而且香味浓郁。

在选择好的采种母树上选择种子，要求种子籽粒饱满，新鲜，根据这一要求，选种采摘花椒要及时，过早则种子尚未完全成熟，发芽率低，过晚则种子易脱落，采种量低，因此，采种的标准时期是少量果实5%以下开裂时采收。

当年采摘的花椒果实，在阴凉干燥的环境里风干，而后果皮自行裂开脱满，选择籽粒饱满新鲜的种子进行处理。

怎样才能选到籽粒饱满的花椒种子呢？一般用清水澄去秕籽，将种子倒入清水中，将漂浮在水面的秕粒捞去，剩下的一般就是饱籽。

种子处理的原因是：花椒种子种皮坚硬，富含油质，透性差，发芽也较缓慢。种子处理的目的是去掉种子外层的油皮，增加壳的通透性，以利于种子吸水。

由于播种的时期不同，因而种子处理的方法也不同，如是秋播，种子的处理就比较简单，一般用草木灰与种子混搅在一起就可，秋播的种子在土壤中越冬自动完成催芽，种子第二年春发芽早，苗木生长期长，所以秋播比春播要好。如是春播，由于当年采收的种子要存放一个冬天，因此，采用适当的方法存放种子是很要紧的，因此春播的种子就要进行处理。

用什么方法来处理种子呢？一般用物理方法和化学方法。

（1）物理方法处理种子

①沙藏层积处理：将所采收的种子与5~6倍的湿沙混合均匀（沙的湿度以用手捏成团但不出水为度），然后放在准备的木箱或其他易透水的容器中，填入贮藏坑内，贮藏坑的深度以当地冬季冻土层以下为准。种子在坑内贮藏一冬，第二年春天开春后土壤解冻即取出播种。播种前要首先做发芽试验，以把握经过一冬贮藏后花椒种子的发芽率。

②混饼贮藏：这种方法一般用于少量种子贮藏，将种子用清水清洗后，混入4~5倍的黄土（沙黄土和沙土的比例为2∶1）做成3厘米厚的混饼，将混饼于阴凉处晾干，存放在低温干燥处，第二年春季使用时将混饼搓碎，筛出种子，即可播种。

③沙磨法处理：将种子与粒径 0.2 厘米左右的粗沙混在一起（比例 2∶1）放在滚桶滚动，至花椒种子油皮去掉，取出后再将粗沙和种子分开（用筛子）。

④开水烫种：将种子放在容器内，倒入种子体积 2~3 倍的开水，同时迅速搅拌 2~3 分钟后注入凉水至不烫手为止，然后置放 2~3 小时，再换清洁凉水（20~25℃）浸泡 48 小时，捞出后用湿布或毛巾包好，放在 25~30℃ 每日用清水淋洗 2~3 次，5日后即可播种。

（2）化学方法处理种子

①碱水浸种：碱种比例为 1∶20，先加 25℃ 水至浸没种子，然后用开水烫开碱面，倒入其中，反复用力搅拌揉搓种子，去净种子油皮，然后将去掉油皮的种子用清水淘洗干净，在 25℃ 左右清水中浸泡 48 小时后播种。

②赤霉素处理：用 500 毫克/千克浓度的赤霉素浸泡种子 48小时，可提高种子的发芽率和发芽速度。

二、苗期

苗期指种子播种后胚根显露到苗木落叶。此时期可分为幼苗期和苗木期，幼苗期指苗高 7~8 厘米，有 4~5 片真叶展开。苗木期指幼苗结束到苗木落叶。

1. 整地施肥

播种前要做好耕地准备，即整地施肥，选择背风向阳、肥沃疏松、排灌方便的壤土或沙壤土，施足有机肥，一般每亩施用有机肥 2 500~5 000 千克，草木灰 200 千克，所准备的耕地要匀和，平整。

2. 播种方法

（1）开沟条播　沟宽 20~10 厘米，沟深 5 厘米，沟底平整，深浅一致，沟行间距 20 厘米，将种子均匀撒入沟底后覆盖细土

1~2 厘米。

（2）耧播　此方法适用于大面积播种，但一定要掌握深浅，最容易播深，一般要用有经验的人摇耧。

播种量：一般饱籽亩用 10~15 千克，亩出苗 3 万~8 万株。

秋播不用覆盖，春播遇到干旱要覆盖，以保持苗床湿润，出苗后揭去覆盖物。

经层积处理的种子播后 15~20 天即可出苗，此时期不灌水，特别干旱时喷一次水，切忌大水浸灌和圃内积水。

3. 管理

当幼苗长到 4~5 厘米高时，进行间苗，苗间距掌握在 4~5 厘米远。

7—8 月是苗木速长期，需水量较大，若土壤干旱应及时浇水。

苗圃要始终保持四无：无板结，无杂草，无积水，无病虫，保持不缺肥水。

苗期病害的防治：花椒苗易生叶锈病，其症状是叶背面锈红色不规则环状或散生孢子堆，防治的办法是：65%可湿性代森锌 500 倍液喷施。

苗期虫害的防治：主要防蚜虫，使用杀蚜药物如 10%蚜克西或保硕一号生物农药喷施。

苗期要达到苗全苗旺，亩留苗 5 万~6 万株。

三、休眠和椒脑形成期

这主要是指日光温室花椒芽菜生产，其流程是：起苗—囤栽—管理。

1. 起苗

要注意 4 个方面的事项。

（1）起前浇水　而后在土壤干燥时起苗，这样可保护花椒苗的须根，这样起出的花椒苗挺直粗壮，主根完整，须根较多。

（2）椒苗分级 由于花椒苗粗细高低不等，因此在起苗的过程中，边起苗边分级，将苗木按高、中、矮的程度分成大、中、小三级，分级的原因是在棚内定植时按矮、中、高比例定植，便于以后采摘和管理。

（3）起苗剪梢 粗高苗轻剪，细矮苗重剪，这样做的好处是利用苗木中端萌发壮芽，并且使抽芽的芽位下移，提高椒芽的产量和质量。

（4）随囤随浇 就近移栽时，不存在长途运输，因此，可避免风吹日晒，要边起苗边囤边栽边浇水，保护好根系，长途运输调苗就更要保护好根系，起苗后蘸泥浆，避免风吹日晒，保护好根系。

2. 囤栽棚室准备

囤栽即棚内在定植前要做好准备，要施足有机肥和无机肥作底肥。一般要多施，施有机肥 3 000~4 000 千克，这样做有利于满足高密度的花椒苗的营养需要。在施足有机肥的同时，应使用多菌灵和辛硫磷等药物对土壤进行消毒处理。

3. 囤栽技术

囤栽前先在棚内做好规划。即做好定植畦，株行距，作业道等，一般日光温室都是坐北朝南走向，因而苗床要做成南北走向，作业道也是南北走向，而行向做成东西走向。定植畦：宽 1.2 米，作业道：0.5 米，行距：0.2 米，株距 0.04 米，深度以埋至根茎部为准。

定植时按苗子大小，由小、中、大的顺序依次由南向北定植，形成椒苗南低北高的格局，棚前留 50 厘米；以便椒苗出芽后不顶住棚膜。

定植时，随栽随踩，整平，排列整齐，保持畦面平整，以便于以后浇水，一般当天定植，当天浇水，以利土壤和苗根充分接触，提高成活率。

4. 管理

囤栽结束后，就进入管理阶段。因此，囤栽完毕时要扣棚，随后进行棚室消毒，一般每 100 立方米面积（3~4 间）。用硫黄粉 250 克，锯末 500 克，混合薰烟，同时用百菌清，烟薰剂薰棚，密闭 12 小时后通风。

（1）温度调节　扣棚后的主要任务是解除椒苗的休眠状态，苗子生育成落叶后先在露天自然的条件下休眠 20 余天后，进入温室后用 30~40℃ 的棚温打破其休眠，解除休眠应当用高温。白天 30~40℃，夜间 16℃ 左右，打破休眠需 30 天左右，若是白天 25℃，夜间 10℃ 左右，则打破休眠需 40 余天。

打破休眠后，椒苗开始进入萌动状态，芽体萌动，此时温度可适当调低，保持 30℃ 左右，不能高于 35℃。

据在城关村观察，日均温在 10℃ 时椒芽日长 0.3 厘米，16℃ 时日长 1.5 厘米，因此在 11 月下旬到第二年 3 月下旬，温室夜间要盖草帘保温，加防寒膜，室温超过 30℃ 以上时，晴天中午要打开顶风通风 2~3 小时。

日均室温 15~20℃ 时，椒芽萌动到开叶需 7 天左右，再过 24 天左右，长到 15 厘米左右即可采摘。

（2）湿度调节　棚室湿度应保持在 80% 左右，要依据这湿度的要求来决定椒苗是否需要浇水或浇多少水，在保持湿度的情况下注意通风，因为长时间高温高湿则椒苗容易发病，椒芽的风味也差，应当注意的是：棚内充足的水分是必要的。因为棚内温度高、蒸发量大而且椒苗的密度高，根系密、根系的吸水量大，因此保持充足的水分非常重要，由于浇灌的条件不一样。因此采取浇水的方法也不同，喷灌浇水是较好的条件，随时可以浇而冲灌浇水就要浇透，隔一段时间再浇，在此基础上每天在晴天的中午进行叶面喷雾，喷至叶面滴水为止，这样可促进椒芽鲜嫩。

(3) 光照调节 充足的光照有利于光合产物的形成，光照充足则椒芽显红褐色，无光照或弱光照则椒芽显绿色，在椒芽生长过程中，光照的强弱要随时调整，在椒芽采收前 5~6 天须有充足的光照，以利于椒芽快速生长，之后在采收前进行适当的遮光措施，使椒芽免遭强光直射，有利芽体鲜嫩，一般在晴天里 8 时到 14 时的时间里采取遮光措施，其余时间不遮光而由自然光线照射。

增强光照的办法是：卷草帘、除尖膜、敲膜滴。遮光的办法是使用遮阳网，遮阳网在棚内。遮光和地温是一对矛盾，过于遮光则地温底，椒芽生长慢，不遮光则地温高，椒芽生长快，但不利于椒芽鲜嫩，所以要调节好遮光的程度，即保持地温以使椒芽快速生长又避免强光以便芽体鲜嫩。

(4) 科学追肥 由于椒苗密度大，需肥多，所以花椒芽菜的生长期内如发现肥力不足应及时追肥，补充营养。

肥力不足的症状，一般都能从椒苗的长势上呈现出来，观察椒芽的长势就可判定是否需要追肥，肥力不足的表现是：椒叶发黄，生长慢，芽体瘦弱，细长，单芽重下降，缺氮是经常的，因此一般追肥都采取补氮的措施。

追肥的方法有两种：一是根追、二是叶面喷追。根追一般用尿素。叶面追用磷酸二氢钾等，叶面肥。追肥的多少（数量）依据缺肥情况而定，一般亩用尿素至少 50 千克，叶面肥追施按产量的说明配好比例，采一次椒芽浇一次水，轻追一次叶面肥。

(5) 病虫害防治 花椒苗是木本植物，比较禾谷类或蔬菜类而言具有较强的抗性，一般少生病，目前在棚内发现的病类有炭疽病、枝枯病以及锈病等。

炭疽病：此病害为害叶片，嫩梢，病原的分生孢借风、雨、虫等传播。一年中多次侵染为害，每年 6—7 月开始发病，8 月为发病盛期。症状：初期在发病部位有数个不规则分布的黑色小点，后期病斑变成深褐色或黑色，圆形或近圆形，天气干燥则病斑中央灰色，雨天则病斑呈粉红色突起。此病一般发生于树势衰弱，通风不良的环境，高温高湿等发病较重。

防治方法：通风透光；按时喷波乐多液预防；发病期喷施600~700倍的退菌特，连续喷2~3次。

枝枯病：此病常发于主干或小枝分叉上，发病时初期明显，后期病斑表皮呈深褐色，边缘黄褐色，干枯下陷，微有裂缝，病斑多数呈长形，秋季在病斑上生有许多小黑点，病菌在病叶组织内越冬，传播借风雨和昆虫，一般从伤口进入，高温多雨有利于发生蔓延。

防治方法：增强树势，提高抗性；防止枝干损伤；剪除病枝集中烧毁；早春喷1：1：100倍波乐多液；也可喷50%退菌特可湿性粉剂500~800倍液防治。

锈病：主要为害叶片。初期病叶正面出现点状清水状退绿斑，叶背面出现锈红色散生孢子堆，有的排列不规则环状，秋季在病叶背面出现橙红色，近胶质状的冬孢子堆凸起但不破裂，圆形或长圆形、排列成环状或散生。此病受降雨和树势的影响很大，阴雨露水天气有利于该病发生，发病初期，先从树冠下部叶片感染，以后逐渐向树冠上部扩展。

防治方法：加强管理，提高抗性；发病期喷20%粉锈宁1 000倍液或65%的代森锌500倍液2~3次，即可控制。

花椒苗的病虫害，目前发现的有两种虫为害花椒芽菜。

蚜虫：花椒蚜虫属同翅目，蚜科。这是花椒芽菜的主要虫害，主要为害花椒苗的树叶、芽，造成叶片卷曲。嫩梢萎蔫、落叶。

蚜虫一年发生15代左右，条件适宜时4~5天繁殖一代，一般一头蚜虫一天能产4~5头蚜虫，此虫以卵的形式在花椒枝干缝隙内小枝分叉和枝梢皱纹处以及芽腋等处越冬，气温开始上升至6℃时其卵就可孵化，一年内叶片生长期间一直为害。

防治方法：使用防虫网；农药喷施，保硕一号，这是一种生物农药；尿素400克+洗衣粉100克+水50千克喷药，喷药时间在8~11时或15~18时，杀虫效率均在95%以上。

花椒桔啮跳甲：这是一种恶性食叶害虫，该虫以幼虫潜食叶肉，造成大量椒叶只剩下表皮，最后焦枯，成虫直接咬食叶片，造成缺刻。

越冬部位：成虫潜在树茎部及树冠下3~6厘米深处的松土内，树干上的洞、缝和周围石头缝内。

越冬成虫来年5月上旬出土上树，交尾产卵，5月中旬产卵于叶背面叶尖端，成块状聚集。5月下旬至6月上旬为产卵盛期，卵经10天左右孵化第二代幼虫，幼虫潜入叶肉内边吃边排粪，像线一样吊在叶上，有4~15厘米长，幼虫成熟后钻出叶面自然落地，潜入土中，做土室化蛹，6月中下旬为一代幼虫孵化盛期，也是一年中为害最严重的时期，幼虫经15天左右化蛹，蛹经10~12天孵化出成虫，同时出现第二代卵，7月上中旬为二代卵孵化盛期，8月上中旬为二代幼虫羽化盛期，9月为二代成虫盛期。

防治方法：解冻后深翻树盘；4月下旬越冬成虫开始出土前用1.8%阿维菌素每亩60~80克喷洒地面；4月中旬用2.5%溴氰菊酯2 000倍液喷洒树冠，毒杀越冬成虫。

在花椒芽菜病虫害的防治过程中，一定不能随意使用农药，这是保证芽菜绿色食品特性的重要环节，特别是在采摘时期内，要特别注意这一点。

5. 采收

椒芽生长到150厘米左右时，颜色红褐或淡绿色即可因地制宜地进行采收：视生长情况可每月采收一次，或在6—9月由于气温高一般 20 天采收一次。事实上，由于温室内椒苗采光和受热部位不同而长势也不同，而且椒苗粗细大小不等，因而萌芽期也不同。因此整个温室内的椒芽不可同时间采摘，采摘要有选择地进行，每两天采收一次，从 2 月上旬开始，一直到 9 月中旬结束，直到椒芽封顶。

采收是高产优质的关键措施之一，因此要重点把握采收要领，要注意的事项是：有选择、及时采。

有选择就是说要选择标准芽，过小的不能采，及时采就是说采摘时期不迟不早，恰到好处。

过早采摘则芽小产量低，更重要的是影响下茬生长，过迟采摘则会减少采摘茬次数，总产也会降低，也就是说过早过迟都会带来低产的结果。

在采摘的过程中还要注意宁轻勿重，就是说每次采摘要留 2~3 片复叶，以促进下茎萌发，最后一茎需留下一部分侧芽不采，以使其长成辅养枝，恢复树势。标准芽的要求是：枝嫩、叶嫩、刺嫩、无蚜虫、无污染，即"三嫩两无"。

6. 装运

采摘下的花椒芽菜要及时装运保鲜，目前简单的方法是塑料袋和纸箱，用纸箱装运时，箱内要垫塑料布或薄膜，而且不可过于压实，以防发热变质，在 3~8℃，条件下纸箱装运可保持一个星期不变质，保持鲜嫩。

7. 恢复树势

花椒芽菜采摘到 9 月上旬结束，标志着当年的花椒芽菜生产在当年的结束，此时椒树生长缓慢，即将封顶，生产了一年，也该休息了。此时，就由其自然落叶进入休眠恢复体力，要注意的是不可马上追施浇水，因为这样容易引起树体加快活动，消耗营养，不利休眠越冬。

休眠后适当追肥浇水，以后随自然气候越冬，只是在越冬前喷施一次杀虫剂以便为下年病虫害防治做好基础。

四、塑料大棚生产

塑料大棚生产花椒芽菜是继日光温室生产后的创新，是在分析日光温室生产的基础上依据花椒芽菜的生长特性，为了降低生产投入费用而采取的生产形式，创新后的这种生产形式，由于不用建日光温室，省去了大量的投入费用而效益不减。

使用塑料大棚生产有两种方法。

一是就地育苗，就地扣棚；二是定植一年生椒苗，然后扣棚。

1. 就地育苗扣棚生产

这种生产形式的流程是：育苗—扣棚膜—揭膜—扣网—扣膜—揭膜。春季要调节温度，夏季随自然气候。

2. 移苗扣棚生产

这种生产形式的流程是：育苗移栽（移栽时期在一年生苗子树芽萌动之前）扣膜—揭膜—扣网—扣膜—揭膜，定植的方式同日光温室的定植基本一样，中间高，两边低。这种生产形式适宜早春和晚秋生产，也即早春早出芽，秋季迟落叶。比之日光温室的生产管理，省工、省时、提高投入产出比。

五、大田生产形式

大田生产花椒芽菜是在日光温室生产和塑料大棚生产的基础上进一步的创新，其生产流程是育苗—定植—支架—扣网。生产流程简易化，生产成本最低化，生产形式大众化，极大地提高了生产的投入产出比，提高了经济效益，目前要做的就是大力推广这种生产形式，这是花椒芽菜走向产业化生产的重要步骤。

第四节 花椒芽菜网棚囤植栽培技术

采用传统栽培方法，只能在春季很短的时间内采集其幼嫩的芽叶，而且不能全部采摘，产量低，加之枝条杂乱，采摘困难，难以形成大批量商品生产。

近年来，积极探索花椒芽菜集约化生产新技术。我们通过试验，突破了传统塑料大棚生产方式，即在冬春采摘的基础上，继续培育，连续采摘不移动椒苗，从 2 月采摘到 9 月中旬结束当年采摘，共连续采摘 8 个月时间。这种生产方式是花椒芽菜生产上的重大突破，免去了移动椒苗的麻烦，误工，省工，省事，而且采摘时间延长，提高了产量。同时椒苗在棚内连续 7 年不移动，突破了三年换苗的做法。这是大田生产的首选形式和主要形式。

该方法主要是在引进和完善日光温室花椒芽菜栽培技术的基础上，采用网棚密集囤植栽培技术，取得了良好的效果。我们在用种子繁育的花椒苗，经过一段时间的遮光培育，然后在有光的条件下继续生长，培育出的紫绿色嫩枝、叶、芽。

一、花椒苗木的培育

1. 品种选择

生产花椒芽菜可选用大红袍、二红袍、小红椒三个品种，因这几个品种具有生长势、抗逆性强，萌芽率、成枝率高，叶片宽大、肥厚，产量高，麻香味浓郁、纯正等特点。

2. 种子的采集与处理

俗话说："良种出壮苗，壮苗长好树"。良种不仅是保证育苗成败的关键，而且也直接关系到花椒栽植后的生长发育、产量和品质。

一般要求就地采种、就地育苗。采种的母树最好选地势向阳、生长健壮、品质优良、无病虫害、结实年龄在 10 ~ 15 年生的结果树。适时采种是保证种子质量的关键，采摘过早，种子未成熟，发芽率低；若采摘过晚，种子易脱落。一般当果实由绿变成紫红色，种子变为蓝黑色，有 4% ~ 5% 的果皮开裂时即可采收。

选作育苗用的种子，果实采收后不能直接在太阳下暴晒，要放在通风良好，干燥的室内或在阴凉通风处摊开晾干。但应注意摊放不要太厚，以 3 ~ 4 厘米为宜，每天用小棍轻轻敲击，使种子从果皮中脱出，分离果皮（花椒）、果柄、杂质，即得到纯净种子。

花椒种子外壳坚硬，富含油脂，不易吸收水分，播种后当年难于发芽。因此，育苗用的种子，不论当年秋季或翌年春季播种，都必须先进行脱脂处理。常用的方法有 4 种。

一是碱水浸泡法。将预处理的种子放入多于种子 1 ~ 2 倍的水中，搅拌后静置 10 ~ 20 分钟，除去上浮的秕籽和杂质，剩余的则为纯净的优良种子。再将精选后的种子放入铁锅或缸内，倒入温度为 25 ~ 30℃ 2% ~ 2.5% 的碱水溶液或洗衣粉水中，水量以淹没种子为宜，浸泡 10 ~ 20 小时后，用手搓洗，除去种子表皮油质；或用直径 5 ~ 10 厘米的木棒，在容器内不停的捣、搅，直至种子失去光泽为宜；也可将浸过碱水的种子捞出，和沙子混合后用鞋底搓揉，除去表皮油质。然后用清水冲洗 1 ~ 2 次，将碱水或洗衣粉冲净。最后将脱脂洗净的种子捞出，用黄土、草木灰按 1 : 1 : 1 的比例搅拌混合后摊于阴凉干燥处，到秋季即可播种。

二是牛粪拌种法。用新鲜牛粪与花椒种子按 6 : 1 的比例混合均匀，抹平摊放在向阳背风的地方，厚度为 7 ~ 10 厘米，晒干后切成 10 ~ 20 厘米大小的方块，放在通风干燥处保存。种皮油质经过一个冬季后自然除去，春季播种时，打碎牛粪块，即可播种。

三是土块干藏法。将脱脂处理的种子和草木灰按 1：3 的比例混合，加水渗透，堆积贮藏。或将种子、黄土、牛粪、草木灰按 1：2：2：1 的比例混合均匀，加水做成泥饼阴干堆集越冬。到春季时打碎土块，即可进行播种。

四是沙藏法。将脱脂处理的种子和湿沙按 1：3 的比例混合后，选排水良好的地方，挖宽 1 米、深 40～50 厘米的大坑（坑的大小视种子的多少而定），将种子和湿沙混合放入坑内。也可一层沙子一层种子装入坑内，上面覆土 10～15 厘米，待春天取出即可播种。

3. 苗圃地的选择与整理

一般选择土层厚度在 80 厘米以上，灌、排水条件良好，光照充足的沙壤土和中壤土为宜。播种前深耕，以利于蓄水保墒，改良土壤，消灭病虫杂草。耕作深度以 25～30 厘米为宜。耕后要及时耙地。结合深耕亩施优质有机肥 3 000～5 000千克、并配施磷酸二铵 10～15 千克，硫酸钾 3～5 千克。农家肥必须充分腐熟，以免灼伤幼苗并带来杂草种子病原菌和害虫。

4. 播种与播种后的管理

春秋两季均可播种，以秋季播种较为适宜。秋播种子在土壤中完成催芽过程，减少了冬季贮藏和催芽环节。

一般网棚采取南北走向，也可根据当地的立地条件因地制宜安排。为便于管理，一般棚宽 14～16 米、长 40～60 米，在地块中央南北向留出 1 米的作业道，沿作业道两边东西向作平畦，畦宽 100～120 厘米，畦间留 50 厘米的作业道，两棚间各留出 1 米，用于打锚固定棚架和防虫网，建成后实际棚宽 12～14 米。

在畦内南北向按行距 20～25 厘米画线、开沟、条播，开沟深度为 2～5 厘米，要均匀一致。之后，向播种沟内均匀撒上种子,播种时为了防止播种沟干燥,应边开沟,边播种,边覆土。一般覆土厚度为 1~3 厘米。覆土后要进行镇压,播种后有灌溉条件的则不宜镇压。条播一般每亩用种量 10~15 千克。

播种后,为了防止地表板结,保蓄土壤水分,减少灌溉,抑制杂草生长,防止鸟兽为害,提高种子发芽率,对播种地用塑料薄膜、细沙、秸秆等进行覆盖。塑料薄膜覆盖,增温保湿,效果较好,出苗快。当 60% 的苗木出土后就应及时通风、撤膜,以免灼伤幼苗。秸秆覆盖厚度以不见地面为宜,当幼苗大量出土时(出土 60%~70%),应分 2~3 次及时分期撤掉秸秆。

花椒育苗需水量较少。一般秋季播种,在播种后应立即灌水;春季播种,应在播种前灌足底水,播种后进行覆盖。在出苗期和幼苗生长期(6 月以前),因嫩芽和幼苗怕水淹,多不灌水,若土壤干旱,可采用机械喷灌和人工喷洒,保持土壤湿润即可,切忌大水漫灌和苗圃地内积水。

苗木速生期(7—8 月),生长速度快,需水量较大,若遇干旱应进行灌水,灌溉时间最好在早晨或傍晚,灌水量以灌后积水时间不超过 2 小时为宜。

秋季播种的育苗地应在翌年春土壤解冻后立即进行松土。有覆盖的育苗地上,一般不必松土。春季播种的育苗地一般不需要松土。一般在灌水或降雨后,杂草较多时及时松土除草,全年进行 4~6 次。松土深度初期应浅些,一般为 2~3 厘米,随着苗木的生长,可逐步加深到 10 厘米左右,苗根附近宜浅些,行间、带间宜深些。杂草是花椒苗的劲敌,要坚持"除早、除小、除了"的原则,以减轻杂草的为害。

间苗宜早,应实行"早间苗,迟定苗"的原则,在苗木长到高 3 厘米时,就要按株距 2~3 厘米开始进行第一次间苗,间苗对象以生长不良、发育不健全、遭受机械损伤和病虫害的幼苗为主,第一次间苗的留苗数应比计划产苗量多 50%。15 天后进行第 2 次间苗，此时还应除去影响周围多数苗木生长的"霸王苗"，第 2 次比计划产苗量多 20%。当苗木长到 10 厘米左右时，即可按株距 5~6 厘米进行最后一次间苗（即定苗），一般亩留苗量 4 万株左右。间苗应在雨后或灌水后进行。

为了弥补缺苗断垄现象，可结合间苗进行补苗。补苗用锋利小铲将过密处的苗木带土掘起，随即移栽到缺苗处。栽时注意压实，栽后立即浇水。移植补苗最好在幼苗长出 1~2 片真叶期的阴雨天进行，如在晴天进行，则需适当遮阴，直至成活。土壤追肥分别在 6 月下旬和 8 月中旬两次施入。6 月下旬追施尿素等速效性化学肥料，一次性施肥量为每亩 5~10 千克，8 月中旬适当追施磷、钾肥。

为了保证苗木质量，也可提前于 2 月上中旬采用营养钵或纸筒在温室中进行播种。育苗基质为草炭和细炉渣以 3：1 的比例配成的混合基质，1 立方米混合基质中加入磷酸二铵 1 千克。在 10 厘米×10 厘米的营养钵中装入 3/5 体积的基质，浇透水后放 3 粒种子，上面覆盖 2 厘米厚的基质。出苗后进行定苗（留 1 株壮苗），注意及时浇水，控制温室内温度在 15~27℃。定植前 7 天进行低温炼苗，4 月底至 5 月初（断霜后）定植。用营养钵在温室等保护地育苗，可比大田直播提早播种，增加苗木生长期，并且较易达到苗齐、苗壮的要求。

二、椒苗移栽技术

1. 大田整地

定植前 2~3 周将土地深翻，每亩施 3 000~5 000 千克优质有机肥、并配施磷酸二铵 10~15 千克，硫酸钾 3~5 千克，按就地育苗技术作畦定植，定植前 1~2 天幼苗要浇透水，起苗或脱去苗钵时要求不伤根、不散钵。

2. 椒苗囤栽

在大田培育一年生苗木，待一年生花椒苗木的叶子全部脱落,此时即可起苗进行囤栽。起苗前要浇足起苗水并待土壤稍干爽时再起苗,以免损伤过多的须根。囤栽的苗木要求挺直粗壮,主根完整,须根较多。刨出的苗木要尽量减少风吹日晒的时间,及时根据苗木的高矮将苗木分成3个等级(60厘米以下;60~70厘米;70厘米以上),按等级将苗木囤栽,囤栽前在苗木饱满芽处短截。按育苗移栽技术整地、施肥、作畦、囤植。囤栽要求行距20~25厘米,株距为5~6厘米,定植后及时浇定植水。

三、网棚架设

1. 架设时间

当年生花椒苗在椒苗长到30厘米时即可架设,9月上中旬收网、撤棚并妥善保管。以后每年花椒萌芽前架设,9月上中旬收网、撤棚。立柱最好每年做一次防锈处理,以延长其使用寿命。

2. 架设要求

选用粗细不同的两种钢管(直径4厘米和6厘米)相套,大棚2根中柱高2.4米,由1.5米长的6#钢管、1.5米长的4#钢管用1个紧箍件套在一起,高低可调,做成可升降式支柱,4#钢管最顶端磨一"十"字形小槽用于固定钢丝,插入地面部分用15厘米长角铁焊成"十"字形,用以固定和防止下陷;2根边柱高1.5米,由1米长的6#钢管、1米长的4#钢管用1个紧箍件套在一起,顶部用15厘米长角铁焊成,做成"丁"字形支架,插入地面部分用15厘米长角铁焊成"十"字形。2高2低4根支柱为一组,中柱间距离3~5米,中柱与边柱间距离2.5~3米,边柱距棚边距离1.5米,中柱直立插入底面,边柱按50°~60°倾斜插入地面。如因地块限制,网棚宽度在9米以下时,1高2低3根支柱为一组。然后,选用粗细适度的铁丝撑于支柱顶部，形成大棚的拱形骨架，用铁锚固定棚体两边铁丝。棚边两组骨架用4#钢管做成拱形骨架进行固定，并在每根支柱内侧用1.5米6#钢管按50°倾斜角加固。拱形骨架间距离4米，最后用铁丝在骨架间中柱上竖向固定，与拱形骨架上铁丝形成网状结构。上网前把立柱顶角铁和"十"字形铁丝连接处用布条、塑料布等进行缠裹，以防划破防虫网。也可用水泥柱代替钢架做永固性立柱。

选用60目优质尼龙网按棚体大小（4个面的底边比分别长出40厘米左右）做成防虫网罩在骨架上，并在棚的四周开30厘米的沟，用土把防虫网压实。盖网后再在棚网上拉压膜线压网。有条件的，可在立柱铁丝上固定喷灌设施，并架设遮阳网。

四、田间管理

1. 浇水

花椒根系耐水性很差，土壤含水量过高和排水不良，都会严重影响到花椒树的正常生长。因此，花椒苗不能栽植在低洼易涝的地方，灌水时应避免树下长时间过水或积水。一般于上冻前浇一次封冻水，以增强树体越冬能力。解冻后根据土壤墒情，以保持土壤湿润但不积水为度适时进行灌水。有条件的地方最好采用水、肥、药一体化喷灌技术，这样既可以控制灌溉量，节约用水，又不易造成积水和土壤板结，同时还能增加空气湿度，适当降低棚内温度，促进芽菜生长并保持芽菜鲜嫩。一般为使幼芽生长迅速并保持鲜嫩，每日午前可进行1次喷雾，以喷至叶面滴水为好。

2. 施肥

于9月下旬至10月上旬，每亩施3 000千克优质农家肥、50千克过磷酸钙、30千克硫酸钾，结合秋施基肥进行中耕、灌水。

在第一次采摘芽菜后可亩追磷酸二铵 15 千克，在生长季节可根据花椒苗生长情况结合灌溉追施 1~2 次腐熟人粪尿，并在每次采芽后叶面喷 1 次 0.3%尿素+0.2%的磷酸二氢钾溶液，以补充树体营养，增强光合作用。

3. 中耕除草

一般每个生长季节结合追肥中耕除草 2~3 次，花椒根系分布较浅，不宜深锄，以免伤过多影响树体生长，发现杂草及时人工拔除。

4. 光照调节

夏季由于光照强，温度过高，蒸腾作用强，营养物质消耗量大，不利于养分积累。为给花椒树生长创造一个良好的环境，促进养分积累，要采取适当的遮光措施，避免强光照射，降低温度，减少树体营养消耗。一般在夏季晴天 10 时至 14~15 时采取遮光措施。

5. 修剪

在花椒芽菜的栽培过程中，必须在合理密植的基础上采取合理的修剪措施，保持一定的通风透光条件，尽量减少无效叶片的营养消耗，促进光合作用。生长季节要及时除去过密的细弱侧枝条。秋季落叶后至萌芽前根据花椒苗密度和生长状况，逐年间苗，以每平方米留健壮主枝 120~150 条为宜。在枝条的饱满芽处短截，疏除细弱枝和过密枝，剪除基部 30 厘米以下的萌蘖枝和拖地枝。

6. 病虫防治

花椒芽菜栽培过程中，病虫害防治措施主要有 4 个方面技术措施。

①落叶后及时清除地面枯枝和杂草并集中烧毁。

②萌芽前喷施波美 5 度石硫合剂一次。

③为害花椒苗木的病害主要有叶锈病，发病时叶背面出现

锈红色的不规则环状或散生孢子堆，严重时扩及全叶。可喷 1：
1：100 倍的波尔多液、或 20%粉锈宁 600~800 倍液、或 65%的
可湿性代森锌 500 倍液防治锈病及其他病害。

④虫害主要为花椒蚜虫，严重时影响植株生长和花椒芽菜
质量，架设防虫网是防治花椒蚜虫的有效方法，发现蚜虫可采
取黄板诱杀；根据蚜虫的对灰色具有负趋性，最好使用银灰色
遮阳网；也可用 10%蚜克西可湿性粉剂 2 000~3 000 倍液或保硕
一号等化学农药进行防治。其他常见花椒芽菜的虫害还有花椒
桔啮跳甲。如有发生，可于 4 月中下旬喷洒溴氰菊酯杀灭越冬
成虫，5 月上中旬喷洒 50%辛硫磷乳油 1 000 倍液，毒杀一代幼
虫。注意：使用化学农药在芽菜采摘后及时进行，采摘前 30 天
禁止使用农药，且要交替使用，每种农药在一年内只准使用一
次，以免产生抗药性。

五、花椒芽菜的采收

当年生苗木长到 45 厘米左右时即可采收第一茬芽菜，一般
当年生苗木可采摘 2~3 茬芽菜。

第二年春季，当日平均温度稳定在 6℃以上时，芽体开始萌
动，10℃左右萌芽抽梢，一般每株苗木上从顶部往下可同时生
出 4~6 个嫩芽，最多可达 10 余个。各个芽位同时生长，但以顶
部芽长得最快、最粗壮。由于个体的大小、营养及光照差异，
芽菜的生长差异性较大。一般待幼芽长出 6~8 片小叶、长度在
12 厘米以上时为最佳采摘时间，此时嫩芽及嫩叶淡绿色，气味
芳香，应及时将上部嫩芽采摘，以促进下部芽生长，每次采摘
时留 2~3 片复叶，以利于花椒苗（树）光合作用，促进下芽萌
发，并留 1~2 个侧芽不采，使其自然生长，辅养树体，以利于
更新。采摘下的嫩芽、叶片应逐一检查，除去部分残留的老叶、
茎、刺，及时装入塑料袋或泡膜蔬菜箱中待售。在采摘芽菜时

要根据芽菜的生长情况分批、分期及时采摘，不能过迟或过早，影响到花椒芽菜的产量，一般 20～25 天采收一茬。每亩当年可采摘芽菜 100 千克左右，3 年后亩产可达 900 千克以上，一次定植可连续采收十几年以上。

在介绍完花椒芽菜的三种生产形式之后，一并介绍决定花椒芽菜产量的三个因素。

亩产量（千克/亩）＝花椒芽菜亩产量（千克/亩）＝亩芽数÷斤芽数亩株数（株/亩）×株芽数（芽/株）斤芽数（芽/斤＊）

此公式说明：斤芽数越少，亩产量越高；亩株数和株芽数越多，亩产量越高。

亩株数和株芽数是辩证的关系，两者是成反比的，一般来说，亩株数越少，株芽数越多，而亩株数越多则株芽数越少（而且芽小，斤芽数越多），因此，在确定亩株数时，（即密度），要看树龄的大小，树龄越大，则亩株数越少，树龄越小，亩株数越多，同样，树龄越大，株芽数越多，树龄越小，株芽数越少。因此，根据树龄的大小确定亩株数，而且将亩株数、株芽数和斤芽数三者的比例调到最优，以获得高产。另外，与花椒芽菜品质有关的几个因素有：密度；树龄；肥水；光照；病虫害；采摘；适龄；免装；湿度；品种。由此说明，提高花椒芽菜的品质，应从多方面入手，不能只讲单方面。

第五节 花椒芽菜等级规格及储运加工

一、花椒芽菜的分级及其规格

花椒芽菜通常分为两个级别，标准如下。

1. 一级品

色泽鲜绿，鲜艳有光泽，不萎蔫；质地脆嫩，易折断，断

＊ 1 斤＝0.5 千克，全书同

口齐整，无木质化；枝叶清洁，无病虫害，无斑点、无腐烂、无杂积、无异味、无水渍。

在规格上，长度 5～100 厘米，同规格样品齐整度≥每批捆扎成 0.25 千克，20 小捆样品中不符合品质要求的样品按重量计总不合格率不应超过 5%，含水率≥85%。

2. 二级品

色泽较绿，有光泽，允许稍有萎蔫，质地较嫩，无木质化，无较重的病虫害。允许有个别斑点，枝叶清洁，无腐烂、无杂质、无异味、无水渍。

稍有萎蔫，稍有病虫害的产品不能超过 10%（以重计），腐烂率不能超过 1%，含水率≥85%。

二、储藏、运输与加工

（1）储藏　采摘后的花椒芽菜在 4℃左右的冷藏保鲜库中可以储藏一周左右。

（2）运输　花椒芽菜最好采用冷藏保鲜车进行运输。

（3）加工　目前加工方法有制罐、真空保鲜、加工芽菜辣酱等加工方法。

第六节　花椒芽菜的食用方法

目前，花椒芽菜的食用方法主要有 4 种。

一是凉拌生食。花椒芽菜用开水烫过后就可食用，一般需要酱油、醋、香油、味素等调味品调味，有时还用芝麻油酱、盐、葱、姜等调味，鲜嫩、爽口、麻辣。

二是炒食或做陷。适于炒食，配以鸡蛋、瘦肉丝等，也可素炒，做陷风味独特。

三是做汤与盐渍。做汤是吃火锅的上乘原料，用盐盐渍后更是别有风味，深受消费者欢迎。

四是制灌和袋装。制灌不仅可延长保质时间，而且可增加产品的花色品种，延长供应时间，增加效益，这样包装的花椒芽菜可直接食用，还可出口创汇。

第三章　微喷节水式花椒芽菜生产技术

第一节　微喷节水式绿色芽菜生产技术概况

一、集成技术

微喷灌是通过低压管道系统和微喷头，以小的流量将水喷洒到土壤表面进行灌溉的一种灌水方法。它是在喷灌和滴灌的技术基础上逐步形成的一种新型先进灌水技术。传统的沟灌、漫灌用水量大，且易使土壤湿度增大，诱发病虫害，土壤板结。而微喷系统是低压运行，仿自然降水灌溉，故比其他灌溉更为节水、节能，与地面灌溉相比节水 30%～70%，多用于经济作物，节水、增产效果十分显著，可较大程度地缓解用水危机，保证农业及其他产业的可持续发展；同时，加之优化施肥、尼龙网棚防虫、培育壮苗、规范种植、科学管理、综合防治病虫害等配套集成技术，从而达到高产、优质、高抗之目的。

二、微喷节水技术

微喷灌是通过低压管道系统和微喷头，以小的流量将水喷洒到土壤表面进行灌溉的一种灌水方法。它是在喷灌和滴灌技术的基础上逐步形成的一种新型先进灌水技术，具有节水、节能、省肥、省工、增产、不受地形坡度影响等特点。主要作用如下。

1. 提高资源利用率

微喷可以结合施肥，适时适量地将水和营养成分直接送到作物根部，提高了水和肥料利用率，花椒芽菜可节水 30% 以上，水资源利用率达到 90% 以上。

2. 提高作物产量

微喷可以给作物提供更佳的生存和生长环境，一般可早上市 15 天左右，使作物更长时间内保持生长旺盛，从而可延长市场供应期，设施花椒芽菜一般可增产 10% 以上。

3. 改善生态环境

微喷的运行方式是采用少喷勤喷的方式，每次喷水量很小，因而几乎不会引起地温下降。

4. 改善农产品品质

微喷是干旱期才喷水，灌水量又小，所以可以良好地调控棚室内的空气湿度，使与湿度有关的病虫害得以大幅度控制；农药使用量也相应降低，减少了蔬菜农药残留量，提高了芽菜品质；应用芽菜微喷施肥技术，有利于椒芽生长、统一收获、大小均匀。

5. 节省劳力

微喷是管网供水，操作方便，而且便于自动控制，因而可明显节省劳力。同时微喷是局部灌溉，大部分地表保持干燥，减少了杂草的生长，也就减少了用于除草的劳力。

三、绿色优质生产的基本知识

1. 绿色食品

绿色食品是遵循可持续发展原则，按照特定生产方式生产，经专门机构认定，许可使用绿色食品商标标志的、无污染的安全优质营养类食品。

2. AA 级绿色食品

指生产产地的环境符合 NY/T 391 的要求，在生产过程中不使用化学合成的肥料、农药、兽药、饲料添加剂和其他有害于环境和身体健康的物质，按有机农业生产方式生产，产品质量符合绿色食品产品标准，经专门机构认定，许可使用 AA 级绿色食品标志的产品。

3. A 级绿色食品

指生产产地的环境符合 NY/T 391 的要求，生产过程中严格按照绿色食品生产资料使用准则和生产操作规程要求，限量使用限定的化学合成生产资料，产品质量符合绿色食品产品标准，经专门机构认定，许可使用 A 级绿色食品标志的产品。

四、植物营养理论

植物营养是施肥的理论基础。合理施肥应按照植物营养原理和作物营养特性，土壤和栽培技术等因素进行综合考虑。也就是说，施肥要把作物内在的代谢作用和外界的环境条件结合起来当作一个整体，并运用现代科学，辩证地研究它们相互间的关系，从而找出合理施肥的科学依据，以便指导生产，发展生产。

1. 植物必需的营养元素

随着科学技术的发展，测试手段的提高，人们已经从植物体内找到了 60 多种元素。但经在培养液中系统地减去植物灰分中某些元素，而植物不能正常生长发育，现确定有 16 种元素，这 16 种元素无疑是植物营养中所必需的，称为必需的营养元素，有碳、氢、氧、氮、磷、钾、钙、镁、硫、铜、硼、锰、锌、钼、铁、氯。

根据作物的需求，将这些元素分为大量元素和微量元素，标准以占干物质重的 0.1% 为界限区分。所以得出，大量元素有

9 种，微量元素有 7 种。无论大量和微量，除碳、氢、氧主要来自空气和水外，其余的 13 种都是来源于土壤。这就是说土壤不仅是植物立足的场所，而且还是植物所需养分的供给者。在土壤供给的 13 种元素中，氮、磷、钾三种是作物需要量和收获时所带走较多的营养元素，而它们通过残茬形式归还给土壤的数量却不多，一般不到其吸收总量的 10%，往往表现为土壤中含量较少，所以称之为肥料"三要素"。

2. 各种营养元素在植物营养体内的作用

（1）构成植物活体的结构物质和生活物质　结构物质是活体物质的基本物质。如纤维素、半纤维素、木质素及果胶物质等。而生活物质是作物代谢过程中最为活跃的物质。如氨基酸、蛋白质核酸、脂类、叶绿素、酶等。它们都是由碳、氢、氧、氮、磷、硫、钙、镁等元素组成。

（2）在植物代谢过程中起催化作用　大多数是微量元素和钾、钙、镁等具有加速体内代谢作用。这些起催化作用的营养元素，大多是许多酶的组成部分或是酶的活化剂。

（3）对植物具有特殊功能

碳：以 CO_3^{2-}、HCO_3^- 离子形态出现。一是形成二氧化碳的元素；二是多种有机化合物组成的重要原料；三是参与呼吸作用。

氢：以 H^+、OH^- 离子形态出现。一是作为水分参与植物体内的一切生理功能；二是参与叶绿体活动；三是多种有机化合物组成的必要元素。

氧：以 H_2O、CO_2、O_2 形态出现。一是呼吸作用不可缺少；二是水和二氧化碳的组成元素；三是组成有机产物的重要元素。

氮：以 NH_4^+、NO_3^- 离子形态出现。一是蛋白质、核酸、叶绿素和酶的主要组成成分；二是直接影响植物生命、能源的合成。

磷：以 $H_2PO_4^-$、PO_4^{3-}、HPO_4^{2-} 离子形态出现。是核蛋白、植素、磷脂、磷酸腺苷等主要组成成分，直接影响细胞的分裂、新器官的形成，同时参与呼吸和光合作用。

钾：以 K^+ 离子形态出现。与蛋白质、纤维素形成有关。能增加原生质胶体的亲水性，增强作物的抗旱、抗寒和抗倒、抗病能力。

钙：以 Ca^{2+} 离子形态出现。一是碳水化合物代谢所必需的元素，二是可中和生物体内有机酸等有毒物质，三是与果胶的结合，细胞膜的形成和强化有关。

镁：以 Mg^{2+} 离子形态出现。一是叶绿素构成的元素，二是多种酶的构成元素。

硫：以 SO_4^{2-}、SO_3^{2-} 离子形态出现。一是构成多种有机物的化合物的元素，二是与植物体中的氧化、还原、生长调节等生理作用有关，三是与植物体中特种成分的形成有关。

铁：以 Fe^{2+}、Fe^{3+} 离子形态出现。与叶绿素的形成和氧化还原有关。

锰：以 Mn^{2+}、Mn^{4+} 离子形态出现。与叶绿素的形成、光合作用及维生素 C 合成有关，还可活化氧化还原酶。

硼：以 BO_3^- 离子形态出现。一是与水分、碳水化合物、氮素代谢有关，二是与钙吸收、运转和细胞膜、果胶形成及维持输导组织有关，三是活化酶的作用。

锌：以 Zn^{2+} 离子形态出现。是酶的构成元素，有活化酶的功能。

钼：以 MoO_4^{2-} 离子形态出现。是氧化还原酶的构成元素，与维生素 C 形成，根瘤菌的固氮有关。

铜：以 Cu^+、Cu^{2+} 离子形态出现。是铜酶的组成成分，与植物体内氧化还原有关，与铁、锌、锰、钼之间有交互作用。

氯：以 Cl^- 离子形态出现。一是与光合作用有关，二是有机化合物构成的密切关系，三是与渗透压调节、阳离子的平衡有关。

五、尼龙网棚架设技术

尼龙网棚设施技术是近年来依据产量效益，从多种设施农业中选出来的一种，据多年实践，该设施具有以下特点。

1. 能良好地防治虫害的发生

使用 60 目的尼龙网棚，不仅对鳞翅目、鞘翅目等较大个体的虫害有良好的防治作用，而且对较小个体的蚜虫、红蜘蛛均有良好的防治效果。有力地推动了当地绿色优质农产品的生产。

2. 调节了室内温度

使温度的变化朝着有利于花椒芽菜生长发育的方向发展。一般是早春和晚秋增温，夏季降温，温度变化范围在 1~3℃。

3. 增加了室内湿度

当地地处半湿润、半干旱的大陆性季风气候易旱区，时常空气湿度低于 60%，加尼龙网棚后，一般棚内空气湿度可增加10% 左右。

4. 减少了强光的照射

实践证明，夏季高温时阻止一定的强光，十分有利于嫩芽的生长，而且椒芽长的也比较粗大，可很好地提高经济效益。为此，有的农户开始在强光时使用遮阳网技术。

第二节　微喷节水式集成技术的拟定

一、微喷制度的拟定

一套完整的微灌系统包括：水源、首部枢纽、管路和灌水器四大部分。

1. 水源工程

主要由水源、机泵组成。

作用是给水加压。泵从水源取水、加压，向系统提供设计流量和压力。

2. 首部枢纽

包括水泵、逆止阀、阀门、过滤器、水表等。

（1）过滤器　微灌所用水源水质的好坏是引起灌水器堵塞的主要原因，对不同的水质应采取不同的过滤器。当水中含沙量较高时应采用离心式过滤器。当水中有机物含量较高时应采用沙石过滤器进行初级过滤，然后再用筛网式或叠片式过滤器进行二次过滤。水质较差的地区，要进行田间二次过滤。

（2）施肥装置　主要用于施化肥及农药。主要分为施肥罐和施肥器。

（3）控制、调节和保护设备

①在水泵管路上安装一逆止阀，可防止停电等原因产生水锤损坏水泵。

②在微灌系统中安装进排气阀，输水时起排出管路中的空气的作用。防止气阻的产生，停止供水时起进气的作用，防止负压的产生。

③在管道上设置阀门，用以调节管道内的流量和压力。

④系统安装压力表，便于观察它的运行情况，使系统在正常的压力下工作。

⑤系统安装水表，以便于检测管路是否漏水及灌溉是否正常。

3. 管路

包括干管、支管、毛管等。作用：将加压水均匀地送到灌水器。

（1）干管　常用 PE 管和 PVC 管。主要规格 $\phi 75 \sim \phi 125$，使用压力 0.4~1.0 兆帕，安装时干管需埋在冻土层以下。

（2）支管　常用黑色抗老化 PE 管，规格 $\phi 25 \sim \phi 63$，使用压力 0.2~0.4 兆帕，安装时埋在冻土层以下。

（3）毛管　毛管与灌水器直接连接。一般选用具有抗老化性能的 PE 管规格 ⌀ 16～⌀ 32。

（4）管网水力计算　对于微灌系统管网水力计算常用勃拉休斯公式计算：$h_f = 8.4 \times 10^4 \times \dfrac{Q^{1.75}}{D^{4.75}} \times L$。如有多个出水口，则用多口系数 F 进行修正。

4. 灌水器

灌水器分为旋转式和折射式两种喷头。旋转式喷头喷洒直径较大，折射式喷头雾化效果好。

微喷头品种繁多，主要有折射式、旋转式和离心式三种类型，本项目运用旋转式喷头，采用悬挂式微喷系统。

二、绿色优质生产制度的拟定

（一）A 级绿色（有机）食品生产肥料使用准则

1. 肥料种类

肥料：有农家肥料及商品有机肥料、腐殖酸类肥料、微生物肥料、半有机肥料、无机（矿质）肥料和叶面肥料等商品肥料。

（1）农家肥料　系指就地取材、就地使用的各种有机肥料。它由含有大量生物物质、动植物残体等堆积而成。包括堆肥、沤肥、厩肥、沼气肥、绿肥、作物秸秆肥、泥肥、饼肥等。

（2）商品肥料　按国家法规规定，受国家有关部门管理，以商品形式出售的肥料。包括商品有机肥、腐殖酸类肥、微生物肥、有机复合肥、无机（矿质）肥、掺合肥、叶面肥等。

2. 允许使用的肥料种类

①所有的农家肥料。

②铜、铁、镁、锌、硼、钼等微量元素类肥料。

③硫酸钾、煅烧磷酸盐肥料。

④AA 级、A 级绿色食品生产资料肥料类的产品。

⑤商品有机肥料、腐殖酸类肥料、微生物肥料、有机复合肥、无机（矿物磷、钾，硫酸钾）肥料、叶面肥料、有机无机肥。

3. 推荐使用的商品肥料

（1）五谷神高效有机肥　有机质含量为40%。

（2）复合微生物肥料　肥老大生物菌肥，有效活菌数>2亿/毫升。

（3）无机复合肥　磷酸二铵，含氮 N>13%、P_2O_5>38%。

（4）氮素化肥　尿素 N＝46%。

（5）矿质磷肥　钙镁磷肥 P_2O_5>12%。

（6）无机钾肥　硫酸钾 K_2O＝50%。

（7）微肥　傲绿牌植物营养素，含16种微量元素。

4. 允许使用的肥料种类在使用时应遵循的规则

肥料使用必须满足作物对营养元素的需要，使足够数量的有机物质返回土壤，以保持或增加土壤肥力及土壤生物活性，所有有机或无机（矿质）肥料，尤其是富含氮的肥料应对环境和作物（营养、味道、品质和植物抗性）不产生不良后果方可使用。

①施用农家肥必须经过高温（55℃）堆沤发酵七天以上才能使用。

②禁止使用城市垃圾和污泥、医院的粪便、垃圾和含有害物的垃圾。

③严禁施用未腐熟的人粪尿、饼肥等。

④叶面肥料的使用在符合生产技术要求的情况下，使用时应严格按照使用说明的要求稀释，在作物生长期内喷施不得超过三次。

⑤在因地制宜采用秸秆还田、过腹还田、直接翻压还田、覆盖还田等形式进行秸秆还田时，允许用少量氮素化肥调节碳氮比，但不能使用硝态氮肥。

⑥化肥必须与有机肥配合施用，有机氮与无机氮之比不超过1：1。一般每施1 000千克优质农家肥可加尿素10千克，但最后一次追肥必须在收获前30天进行。

（二）A级绿色（有机）食品生产农药使用准则

1. 农药

用于危害农、林作物以及其产品有害生物或有目的地调节生物生长发育的化学合成的或来源于自然界的物质和制剂。

2. 农药种类

（1）生物源农药

①微生物农药：农抗120、井冈霉素等。

②活体微生物农药：苏云金杆菌等。

③动物源农药：昆虫信息素、寄生性、捕食性的天敌动物等。

④植物源农药：杀虫剂、杀菌剂、拒避剂、增效剂等。

（2）矿物源农药

①无机杀螨杀菌剂：硫制剂、铜制剂等。

②矿物油乳剂：乐果等。

3. 使用准则

①允许使用中等毒性以下植物源农药、动物源农药和微生物源农药。

②在矿物源农药中允许使用硫制剂、铜制剂。

③严禁使用剧毒、高毒、高残留或具有三致毒性（致癌、致畸、致突变）的农药。

④每种有机合成农药在一种作物的生长期内只允许使用一次，并要求控制施药量与安全间隔期。

⑤严禁使用高毒、高残留农药防治贮藏期病虫害。

⑥严禁使用基因工程品种及制剂。

三、施肥机理的拟定

1. 养分归还（补偿）学说

作物产量的形成有 40%~80% 的养分来自土壤，但不能把土壤看作一个取之不尽、用之不竭的"养分库"。为保证土壤有足够的养分供应容量和强度，保持土壤养分的携出与输入间的平衡，必须通过施肥这一措施来实现。依靠施肥，可以把作物吸收的养分"归还"土壤，确保土壤肥力。

2. 最小养分律

作物生长发育需要吸收各种养分，但严重影响作物生长，限制作物产量的是土壤中那种相对含量最小的养分因素，也就是最缺的那种养分（最小养分）。如果忽视这个最小养分，即使继续增加其他养分，作物产量也难以再提高。只有增加最小养分的量，产量才能相应提高。经济合理的施肥方案，是将作物所缺的各种养分同时按作物所需比例相应提高，作物才会高产。

3. 同等重要律

对农作物来讲，不论大量元素还是微量元素，都是同样重要缺一不可的，即缺少某一种微量元素，尽管它的需要量很少，仍会影响某种生理功能而导致减产，如玉米缺锌导致植株矮小而出现花白苗，水稻苗期缺锌造成僵苗，棉花缺硼使得蕾而不花。微量元素与大量元素同等重要，不能因为需要量少而忽略。

4. 不可代替律

作物需要的各营养元素，在作物内都有一定功效，相互之间不能替代。如缺磷不能用氮代替，缺钾不能用氮、磷配合代替。缺少什么营养元素，就必须施用含有该元素的肥料进行补充。

5. 报酬递减律

从一定土地上所得的报酬，随着向该土地投入的劳动和资本量的增大而有所增加，但达到一定水平后，随着投入的单位劳动和资本量的增加，报酬的增加却在逐步减少。当施肥量超过适量时，作物产量与施肥量之间的关系就不再是曲线模式，而呈抛物线模式了，单位施肥量的增产会呈递减趋势。

6. 因子综合作用律

作物产量高低是由影响作物生长发育诸因子综合作用的结果，但其中必有一个起主导作用的限制因子，产量在一定程度上受该限制因子的制约。为了充分发挥肥料的增产作用和提高肥料的经济效益，一方面，施肥措施必须与其他农业技术措施密切配合，发挥生产体系的综合功能；另一方面，各种养分之间的配合作用，也是提高肥效不可忽视的问题。

四、尼龙网棚架设

选用粗细不同的两种钢管（直径 4 厘米和 6 厘米）相套，大棚 3 根中柱高 2.4 米，由 1.5 米长的 6#钢管、1.5 米长的 4#钢管用 1 个紧箍件套在一起，高低可调，做成可升降式支柱,4#钢管最顶端磨一"十"字形小槽用于固定钢丝，插入地面部分用 15 厘米长角铁焊成"十"字形，用以固定和防止下陷；2 根边柱高 1.5 米，由 1 米长的 6#钢管、1 米长的 4#钢管用 1 个紧箍件套在一起，顶部用 15 厘米长角铁焊成，做成"丁"字形支架，插入地面部分用 15 厘米长角铁焊成"十"字形。3 高 2 低5 根支柱为一组，中柱间距离 2.5~3.5 米，中柱与边柱间距离 2 米，边柱距棚边距离 1.5 米，中柱直立插入地面，边柱按 50°左右倾斜角插入地面。如因地块限制，网棚宽度在 9 米以下时，2 高 2 低 4 根支柱为一组。然后，选用粗细适度的铁丝撑于支柱顶部，形成大棚的拱形骨架，用铁锚固定棚体两边铁丝。棚边两组骨架用 4#钢管做成拱形骨架进行固定，并在每根支柱内侧用 1.5 米 6#钢管按 50°倾斜角加固。拱形骨架间距离 4 米，最后用铁丝在骨架间中柱上竖向固定，与拱形骨架上铁丝形成网状结构。上网前把立柱顶角铁和"十"字形铁丝连接处用布条、塑料布等进行缠裹，以防划破防虫网。

选用 60 目优质尼龙网按棚体大小（4 个面的底边比分别长出 40 厘米左右）作成防虫网罩在骨架上，并在棚的四周开 30 厘米的沟，用土把防虫网压实。盖网后再在棚网上拉压膜线压网。

第三节　微喷节水式绿色芽菜生产集成技术

一、微喷节水技术的操作步骤

（一）系统的运行

1. 水源的运行管理

微灌水源必须保证按灌水设计的要求按时按量供水。水源压力的获得有两种：一是利用泵加压；二是利用自然落差。

2. 首部的运行管理

（1）运行前的检查与准备　系统通水前，必须检查各级管道的控制阀门启闭是否灵活，管道上装设的压力表、排气阀等设备仪表是否工作正常，并对干管、支管进行运行前的冲洗。

（2）系统运行过程　首先，根据设计轮灌方式，打开相应干管、支管、配水支管和毛管进水口的阀门，使相应灌水区的阀门均处于开启状态。

其次，启动供水系统，湾里村和河南滩直接开启总控制阀门；王曲村应待系统大首部枢纽处的压力表读数达到设计压力后，开启总控制阀门，并使阀后压力表读数达到设计压力。

最后，当一个轮灌组灌水接近结束时，先开启下一个轮灌组的相应各级阀门，使相应的灌水区阀门均处在开启状态，然后关闭已结束的轮灌组的相应阀门，做到"先开后关"，严禁

"先关后开"。

（3）系统越冬　灌溉季节结束后，将地埋的管道冲洗干净，并排掉管内余水。对铺设于地表的支管、辅管要及时回收，防止在回收和运输过程中损坏管道。存放时，尽量做到按地块，按管道种类分别堆放，要防止老鼠等损坏管道。

（二）过滤器的运行与管理

工程采用的旋流水砂分离器只有在其工作流量范围内，才能发挥其作用。要使其正常工作，其关键点是要随时观察该过滤器的水头损失，当小于 3.5 米时，将不能分离出水中杂质。网式过滤器的过滤过程是待过滤的水源从筛网滤芯的外表面进入内表面，杂质被筛网截留，完成过滤过程。由于网式过滤器的体积较小、流量小，容易堵塞，因此，在运行中，要经常检查集砂罐，及时排砂，以免罐中积砂太多，会把筛网滤芯压扁，导致报废，同时积砂太多，使沉积的泥沙再次被带入系统。对于网式过滤器有两种清洗方法：手工清洗，扳动手柄拆开压盖，取出滤网，刷洗网上的污物并用清水洗净。自动清洗：过滤器设有排污阀，当过滤器上下压力差值超过 5 米时表明已堵塞，这时打开排污阀，反复冲洗，直到过滤器恢复正常为止。灌溉季节结束后，将过滤器冲洗干净，取出网式滤芯，刷洗干净。进入冬季，防止冰冻破坏，要将所有阀门打开，把水排放干净。

（三）管路的运行管理

系统运行前，为避免污物堵塞灌水器，应对管路逐级冲洗。冲洗时，先对干管进行冲洗，直到干管末端出水清洁为止。打开各轮灌组支管阀门和堵头，关闭干管末端堵头对支管冲洗，直到支管末端出水清洁，再打开毛管末端堵头，冲洗毛管。示范工程微灌系统中的毛管和微喷头为多年重复使用，在回收时要特别注意不要被地面附着物划破刺穿，边回收边检查有无破损，如有发现立即处置，以免给下一个灌溉季节使用时留下隐患。堆放在仓库中要尽量按在地块中的布置编序堆放，为下次铺设创造有利条件。

（四）施肥系统运行管理

施肥过程应伴随灌溉同时进行，建议在灌溉过程进行 30 分钟后开始。这样可以保证对灌溉系统的正确冲洗和尽可能地减少化学物质对喷头的堵塞。在喷灌施肥时，一般是在灌溉系统中通过增加施肥装置来实现。

1. 用水管理

喷灌季节开始之前，对喷灌系统中所包括的各类作物（按品种或大小）分别估算出在不同生育期应对它灌溉的水量，预定每次喷灌小时数和各次灌水的时间间隔，进而根据水源在各个时期的可能供水量和喷灌系统设备的工作能力列出轮灌次序和日进程表，使灌溉工作有计划、有次序地进行。

2. 肥液的配制

在微喷施肥中，加肥之前，要按照配方将可溶性固体肥料或者液体肥料配制成一定浓度的肥液，然后将肥液注入系统。配制肥液的数量和浓度要依据面积、施肥量、注肥时间和注肥流量来确定。加入的肥料量过大，会为害作物生长，同时造成肥料的浪费和系统堵塞。加入肥料量过少，会导致作物营养不足。

3. 注肥时间的控制

注肥时间是施肥管理的关键之一，注肥速度快、时间段短，施肥不均匀；注肥时间长则可能在规定时间内无法完成注肥，或者没有剩余时间对系统进行清水冲洗。一个灌区或者每一个轮灌区的注肥时间，要控制在灌溉时间的 50%~75%，其余的灌溉时间要分别在注肥前后运行，这样可以保证系统得到充分地冲洗。要达到比较准确地控制注肥时间，必须按照施肥量配比一定量的肥液，同时要调节注肥速度。在面积为 1 亩的温室或大棚中，使用 25~30 升的罐施肥时，调节主管道上的调压阀，使调压阀左右产生 2 厘米左右的小压差，施肥罐旁通管流量宜保持在 2~3 升/分，防止由于施肥速度过狭或过慢造成的施肥不均匀。

4. 压差式施肥罐的运行管理

施肥器：施肥时首先将可溶性肥料稀释成溶液放入容器内，松开施肥小阀门，调节施肥阀（大约阀门开到 1/2），使前后形成一定压差，进行施肥或农药，避免了肥药液流失现象，施完肥后及时用清水冲洗管路。

利用压差式施肥罐施肥的缺点是随时间延长，灌溉水中养分浓度逐渐稀释。因此，以轮灌方式施肥时，存在施肥不均匀的问题。为达到施肥均匀，可按轮灌区面积称取肥料，配制肥液，分别注肥。

5. 施肥设备的维护

贮肥罐肥液输出管要安装过滤器，然后与主管道连接。要定时清洗过滤器（包括首部其他过滤器），清除滤网或叠片上的污物，发现滤网或叠片破损，应立即更换。每次配制肥液前，彻底清理贮肥罐底部沉淀，不留残液。

6. 意外事故的处理

在发生意外情况时，首先要切断电源。注肥时发生断电，应立即关闭贮肥罐的闸阀和主管道的逆止阀，防止肥液倒流污染水源。

7. 做好记录

做好技术方案执行情况和设备运行记录要做好技术方案执行情况和设备运行记录，详细记录每次灌溉与施肥的日期、运行时间、作物生育期、灌溉水量，肥料用量与品种、耗电与耗油量等，以及运行中出现的故障和排除措施，以不断总结提高施肥系统运行管理水平。

（五）注意事项

1. 施肥装置安装

施肥装置应安装在水源与过滤器之间，这样才能够保证充分溶解的化肥既不污染水源，又能通过过滤后进入灌溉系统，从而保证了未经溶解的化肥和其他杂质不会进入出水器，避免灌水器及其管道的堵塞。

2. 灌溉系统清洗

施肥后，一定要注意不能在灌溉系统、施肥装置中留下化肥。所以，施肥后，应用清水把残留在施肥罐中的残留物冲洗干净，防止施肥装置及管道被腐蚀。

3. 逆止阀的安装

在施肥装置与水源之间，应安装逆止阀，防止溶解后的肥液倒进入水源而污染水源。特别应当注意，不能把化肥直接加入水源，防止化肥造成水源甚至环境的污染。

（六）灌溉施肥系统的维护保养

由于喷灌系统是一套精密的灌溉机械装置，许多部件多为塑料制品，因此在操作使用过程中，一定要小心使用，不可猛力扭动各个旋钮和开关，在打开各个容器时，注意一些小部件要依原样安回，不要丢失。

1. 每个灌溉季节结束时的维护

（1）全系统高压清洗　按轮灌组顺序分别打开各支管和主管的末端堵头，开动水泵，使用高压力逐个冲洗轮灌地块，力争将管道内积攒的污物冲洗出去。然后把堵头装回。

（2）过滤系统　在管道高压清洗结束后，充分清洗过滤器后排净水。

（3）施肥系统　在进行维护时，关闭水泵，开启与主管道相连的注肥口和驱动注肥系统的进水口，排去压力。

（4）田间设备

①排水底阀：在冬季来临前，为防止冬季严寒将管道冻坏，把田间位于主支管道上的排水底阀（小球阀）打开，将管道内的水尽量排净，此阀门冬季不必关闭。

②田间阀门：将各阀门的手动开关置于开的位置。

③喷灌管线：在田间将各条喷灌管线拉直，勿使其扭折。若冬季回收也注意勿使其扭曲放置。

（5）预防喷灌系统堵塞　从目前来看，喷灌最严重的问题是管道和喷头发生堵塞。引起堵塞的原因很多，其外因首先是进入系统的水流含有泥沙。此水分蒸发后残留在水管管壁上的碳酸钙，金属水管腐蚀时产生的金属微粒，残角浓缩的氨水提高了水的 pH 值会引起碳酸盐的沉淀；还有藻类、肥料、甚至各种动物可能寄生在管壁上；微生物也能丛聚成团堵塞喷孔，微生物活动也能促使铁的化合物和碳酸盐沉淀，从而阻塞水流。预防喷管系统堵塞，目前主要采用以下几种方法。

①使灌溉水或水肥溶液经过滤或沉淀加过滤后才进入输水管道，这是目前使用的最基本的一种方法。因而，必须经常查看和清理沉淀和过滤设备，使它们始终保持良好的技术状态。

②适当提高输水能力减少系统堵塞。据试验，喷灌施肥水的流量在 4~8 升/时范围内，堵塞减到很小，但考虑到流量愈大，费用愈高的因素，则最优流量约 4 升/时。

③将喷头出水口朝下安放，定期清洗微管，能减少堵塞。

④对喷灌水作化学处理，处理方法是每天向喷灌系统灌 10 毫克/千克氯溶液（即家用的漂白粉稀液）20 分钟，它能明显地减少管壁上的黏性沉积物，防止堵塞。其他在灌溉水中加酸可使水的 pH 值下降，可减少因碳酸钙沉淀引起的堵塞。对喷灌水作化学处理时须考虑其残留物在土壤中积累对作物可能引起

的不良后果。

⑤有条件的地方，装置喷灌系统之前，最好测定水质。使用含铁、硫化氢、丹宁酸多的水作喷灌，容易造成堵塞。

⑥只有完全溶于水的化肥才能实行喷灌施肥。不能通过喷灌系统施用磷肥。磷会在灌溉水中与钙反应形成沉淀，堵塞喷头。

2. 次年灌溉开始时的维护

①过滤器部分：在介质过滤器首次灌溉开始前，在罐内注满水并放入一包氯球，搁置30分钟后按正常使用方法，各反冲一次。此反冲可预先搅拌介质，使之颗粒松散接触面展开。之后充分清洗过滤器的所有部件，紧固所有的螺丝。

②检查肥料罐或注肥泵的零部件和与系统的连接是否正确，清除罐体内的积存污物以防进入管道系统。

③检查所有的末端竖管，是否有折损或堵头丢失。前者取相同零件修理，后者补充堵头。

④检查所有的阀门与压力调节器及其连接微管，若有缺损请及时修补。

⑤关闭主支管道上的排水底阀。

二、优化施肥技术

常言道，土是庄稼的基础、水是庄稼的命脉、肥是庄稼的粮食。所以说，在农业生产中，要想取得好收成，必须做到用地养地相结合、农家肥化肥相配合、耕作施肥相协调、需求供给相符合。

科学施肥就是为了给作物生长发育创造良好的生态环境，就是为了调节和解决作物需肥与土壤供肥之间的矛盾。同时有针对性地补充作物所需的营养元素，作物缺什么元素就补充什么元素，需要多少补多少，实现各种养分平衡供应，满足作物的需要；达到提高肥料利用率和减少用量，提高作物产量，改善农产品品质，节省劳力，节支增收的目的。

当前农业发展突飞猛进，科学技术日新月异。肥料的科学施用像"金字塔"一样，越往顶端科技含量越高。目前，我国正在应用的是经验施肥法，正在推行的是测土配方施肥法。综合施肥的原则是：以农家肥为主，化肥为辅，全肥底施、深施、早施，同时注意氮肥的使用。

（一）大力增施农家肥

农家肥是有生命活动的肥料，含有大量的有机质，所以叫有机肥。种类包括：畜禽肥、秸秆肥和绿肥。

1. 有机肥的特点

一是不但含有作物生育的各种营养元素，而且富含有机质和腐殖质，可改良培肥土壤，是一种完全肥；二是有机肥必经微生物转化才能被吸收，肥效缓慢，是一种迟效肥料；三是有机肥中含有大量的微生物和分泌物，能刺激作物生长，是一种活性肥；四是含量低、用量大，施用费工费时，是一种务工肥。

2. 有机肥作用

一是可增加土壤中的各种营养，调节营养比例，避免单一施肥造成的缺素症；二是增加土壤有机质，改善土壤结构，促进土壤团粒结构的形成，使土壤固相、气相、液相成分布格局成比例；三是增强了蓄水保墒能力，既提高了土壤缓冲能力，又延长了适耕时间；四是促进了有益微生物群的活动，加速了有机态养分向速效态养分的分解转化，可很好地满足农作物的生长发育。

3. 有机肥的施用方法

一是堆沤腐熟，既可以使肥料充分腐熟，分解营养元素，又可以杀灭病菌和虫卵，减轻病虫为害，还可以消灭杂草，解决与农作物争水、争肥等问题；二是看肥巧施，一般是肥多撒施、深施，肥少窝施、近施；三是秸秆覆盖的自然腐熟施肥。

（二）合理施用化肥

化肥是人工合成的肥料，不含有机质，所以，叫无机肥料。常见的肥料主要有：大量元素肥料和微量元素肥料，种类有氮肥、磷肥、钾肥和复合肥。化肥的优点：肥效高、用量少，作用大、见效快，不仅可作底肥、而且可作种肥、追肥还可进行叶面喷施，施用方法简单多样，利于开展配方施肥，被人们接受、掌握。缺点是：肥料单一，稳定性差，投入大，利用率低。近年来，优质安全的施肥方法是：有机无机按照 1∶1 配合。科学施肥方法如下。

1. 养分平衡法

肥料需要量＝目标产量所需养分量×土壤供给量肥料养分含量×肥料当季利用率

土壤供给量＝土壤测定值×换算系数 0.15×校正系数 0.55

例如，某农户芽菜田，目标产量 300 千克/亩，测定土壤有效氮 60 毫克/千克，磷 8 毫克/千克，钾 150 毫克/千克，求氮需肥量。

第一步，作物吸收养分量＝0.03×300＝9 千克

第二步，土壤供肥量＝60×0.55×0.15＝4.95 千克

第三步，代入公式并折成硝铵为：（9－4.95）/（0.34×0.35）＝34.0 千克/亩

2. 地力差减法

作物在不施任何肥料的情况下所得的产量称空白田产量，它所吸收的养分，全部取自土壤。从目标产量中减去空白田产量，就应是施肥所得的产量。按下列公式计算肥料需要量：

肥料需要量＝[（目标产量－空白田产量）×单位吸收量/养分含量×肥料当季利用率]

例如，空白田产量亩 300 千克，目标产量亩 500 千克，每千

四、A 级

（一）基地的优...

1. 周边环境

基地周边 5 千米以...

焦、化工厂等工矿企业...

不得建任何气源污染厂。

2. 农田环境

农田灌溉水质、土壤、...

灌水质、土壤、大气环境质量...

3. 区域布局

应选择在作物的主产、高产区...

（二）管理措施

1. 教育管理

建立相应的机构。设立专门的管...

由专管机构负责绿色食品生产计划和规...

指导和咨询、产品收购和销售、生产资料...

建立和完善，以及监督绿色食品生产操作规...

2. 技术培训

领导干部、管理人员、技术人员、生产人...

关绿色食品知识的培训等。

3. 制定规则

要制定无公害生产基地管理办法，规范农产品生产管理。

定农作物标准化操作规程，规范农产品生产管理。

（三）技术措施

1. 农业措施

加强小流域治理：沟头地边打硬埂（里切外垫）；陡坡...

· 116 ·

...长期使用应为改造使用一...

...水溶中允许使用硫制剂、铜制剂。

...发酵菌杀虫剂及其三级毒性（致敏、

①允许使用中等毒性以下植物源农药、动物源农药和微生

3. 使用准则

②矿物油乳剂；矿物油等。

①矿物杀螨杀菌剂；硫制剂、铜制剂等。

（2）矿物源杀虫

④植物源杀虫剂；除虫菊、苦楝剂、烟草剂、鱼藤剂等。

物等。

③动物源杀虫剂；昆虫信息素、寄生性、捕食性的天敌动

②活体微生物杀虫剂；苏芸金杆菌等。

①微生物杀虫剂；苏脱 120，并闪蟾素等。

（1）生物杀虫剂

2. 杀虫杀菌剂

用于防事术、从作物以及其产品有害生物的目的的施测书

生物生长发育优化等各化的物质来源于自然的动物质和制剂。

1. 术语

（二）A 级绿色（有机）食品生产允许使用准则

最后一次喷施必须在收获前 30 天进行。

员 1：1。一般每株 1 000 千克优质果采果期可加喷 10 千克，但

⑥硼酸水溶与有机磷混合使用，有机磷与无机磷之比不超过

本量的增大而有所增加，但达到一定水平后，随着投入的单位劳动和资本量的增加，报酬的增加却在逐步减少。当施肥量超过适量时，作物产量与施肥量之间的关系就不再是曲线模式，而呈抛物线模式了，单位施肥量的增产会呈递减趋势。

6. 因子综合作用律

作物产量高低是由影响作物生长发育诸因子综合作用的结果，但其中必有一个起主导作用的限制因子，产量在一定程度上受该限制因子的制约。为了充分发挥肥料的增产作用和提高肥料的经济效益，一方面，施肥措施必须与其他农业技术措施密切配合，发挥生产体系的综合功能；另一方面，各种养分之间的配合作用，也是提高肥效不可忽视的问题。

四、尼龙网棚架设

选用粗细不同的两种钢管（直径 4 厘米和 6 厘米）相套，大棚 3 根中柱高 2.4 米，由 1.5 米长的 6# 钢管、1.5 米长的 4# 钢管用 1 个紧箍件套在一起，高低可调，做成可升降式支柱，4# 钢管最顶端磨一"十"字形小槽用于固定钢丝，插入地面部分用 15 厘米长角铁焊成"十"字形，用以固定和防止下陷；2 根边柱高 1.5 米，由 1 米长的 6# 钢管、1 米长的 4# 钢管用 1 个紧箍件套在一起，顶部用 15 厘米长角铁焊成，做成"丁"字形支架，插入地面部分用 15 厘米长角铁焊成"十"字形。3 高 2 低 5 根支柱为一组，中柱间距离 2.5~3.5 米，中柱与边柱间距离 2 米，边柱距棚边距离 1.5 米，中柱直立插入地面，边柱按 50° 左右倾斜角插入地面。如因地块限制，网棚宽度在 9 米以下时，2 高 2 低 4 根支柱为一组。然后，选用粗细适度的铁丝撑于支柱顶部，形成大棚的拱形骨架，用铁锚固定棚体两边铁丝。棚边两组骨架用 4# 钢管做成拱形骨架进行固定，并在每根支柱内侧用 1.5 米 6# 钢管按 50° 倾斜角加固。拱形骨架间距离 4 米，最后用铁丝在骨架间中柱上竖向固定，与拱形骨架上铁丝形成网状结构。上网前把立柱顶角铁和"十"字形铁丝连接处用布条、塑料布等进行缠裹，以防划破防虫网。

选用 60 目优质尼龙网按棚体大小（4 个面的底边比分别长出 40 厘米左右）作成防虫网罩在骨架上，并在棚的四周开 30 厘米的沟，用土把防虫网压实。盖网后再在棚网上拉压膜线压网。

第三节　微喷节水式绿色芽菜生产集成技术

一、微喷节水技术的操作步骤

（一）系统的运行

1. 水源的运行管理

微灌水源必须保证按灌水设计的要求按时按量供水。水源压力的获得有两种：一是利用泵加压；二是利用自然落差。

2. 首部的运行管理

（1）运行前的检查与准备　系统通水前，必须检查各级管道的控制阀门启闭是否灵活，管道上装设的压力表、排气阀等设备仪表是否工作正常，并对干管、支管进行运行前的冲洗。

（2）系统运行过程　首先，根据设计轮灌方式，打开相应干管、支管、配水支管和毛管进水口的阀门，使相应灌水区的阀门均处于开启状态。

其次，启动供水系统，湾里村和河南滩直接开启总控制阀门；王曲村应待系统大首部枢纽处的压力表读数达到设计压力后，开启总控制阀门，并使阀后压力表读数达到设计压力。

最后，当一个轮灌组灌水接近结束时，先开启下一个轮灌组的相应各级阀门，使相应的灌水区阀门均处在开启状态，然后关闭已结束的轮灌组的相应阀门，做到"先开后关"，严禁鱼鳞坑；缓坡挖成水平阶；沟壁扩展设置谷坊；修筑移动尼龙网防虫。

2. 生物措施

植树造林种草；乔灌草结合；多种林搭配；干旱地区多选抗旱灌木以避免与果林争水。同时，发展立体种植，尤为果林与豆科间作，或果林与块根、块茎类作物间作。

3. 广开肥源

大力发展养殖业，以农养牧、以牧促农；以草食家畜家禽牛、羊、鸡、兔为主；发展加工业；利用农副产品下脚料制作肥料。

4. 合理施肥

种植绿肥（豆科为宜）；压青沤肥；增加有机肥用量，尽量控制化肥用量；大力推广腐殖酸类肥料，生物肥料，有机复合肥料；不能用过磷酸钙，用磷酸二铵或磷矿粉；秸秆还田、过腹还田、直接翻压、高温堆肥。

5. 生物防治

放养天敌，减少病虫害；不用或少用农药，禁用高残留、高毒农药；规范使用方法；合理轮作倒茬，减少病虫害；合理进行土地利用规划与管理，调整农林牧比例，实行生态防护。

第四节　绿色花椒芽菜生产集成技术

一、花椒苗木的培育

1. 品种选择

生产花椒芽可选用大红袍、二红袍、小红椒三个品种，因这几个品种具有生长势、抗逆性强，萌芽率、成枝率高，叶片宽大、肥厚，产量高，麻香味浓郁、纯正等特点。

2. 种子的采集与处理

俗话说："良种出壮苗，壮苗长好树"。良种不仅是保证育苗成败的关键，而且也直接关系到花椒栽植后的生长发育、产量和品质。

（1）科学采种　一般要求就地采种、就地育苗。采种的母树最好选地势向阳、生长健壮、品质优良、无病虫害、结实年龄在10~15年生的结果树。适时采种是保证种子质量的关键，采摘过早，种子未成熟，发芽率低；若采摘过晚，种子易脱落。一般当果实由绿变成紫红色，种子变为蓝黑色，有4%~5%的果皮开裂时即可采收。

（2）脱种晾种　选作育苗用的种子，果实采收后不能直接在太阳下暴晒，要放在通风良好，干燥的室内或在阴凉通风处摊开晾干。但应注意摊放不要太厚，以3~4厘米为宜，每天用小棍轻轻敲击，使种子从果皮中脱出，分离果皮（花椒）、果柄、杂质，即得到纯净种子。

（3）脱脂处理　花椒种子外壳坚硬，富含油脂，不易吸收水分，播种后当年难于发芽。因此，育苗用的种子，不论当年秋季或翌年春季播种，都必须先进行脱脂处理。常用的方法有4种。

一是碱水浸泡法。将预处理的种子放入多于种子1~2倍的水中，搅拌后静置10~20分钟，除去上浮的秕籽和杂质，剩余的则为纯净的优良种子。再将精选后的种子放入铁锅或缸内，倒入温度为25~30℃ 2%~2.5%的碱水溶液或洗衣粉水中，水量以淹没种子为宜，浸泡10~20小时后，用手搓洗，除去种子表皮油质；或用直径5~10厘米的木棒，在容器内不停的捣、搅，直至种子失去光泽为宜；也可将浸过碱水的种子捞出，和沙子混合后用鞋底搓揉，除去表皮油质。然后用清水冲洗1~2次，将碱水或洗衣粉冲净。最后将脱脂洗净的种子捞出，用黄土、草木灰按1∶1∶1的比例搅拌混合后摊于阴凉干燥处，到秋季即可播种。

二是牛粪拌种法。用新鲜牛粪与花椒种子按 6∶1 的比例混合均匀，抹平摊放在向阳背风的地方，厚度为 7~10 厘米，晒干后切成 10~20 厘米大小的方块，放在通风干燥处保存。种皮油质经过一个冬季后自然除去，春季播种时，打碎牛粪块，即可播种。

三是土块干藏法。将脱脂处理的种子和草木灰按 1∶3 的比例混合，加水渗透，堆积贮藏。或将种子、黄土、牛粪、草木灰按 1∶2∶2∶1 的比例混合均匀，加水做成泥饼阴干堆集越冬。到春季时打碎土块，即可进行播种。

四是沙藏法。将脱脂处理的种子和湿沙按 1∶3 的比例混合后，选排水良好的地方，挖宽 1 米、深 40~50 厘米的大坑（坑的大小视种子的多少而定），将种子和湿沙混合放入坑内。也可一层沙子一层种子装入坑内，上面覆土 10~15 厘米，待春天取出即可播种。

3. 苗圃地的选择与整理

一般选择土层厚度在 80 厘米以上，灌、排水条件良好，光照充足的沙壤土和中壤土为宜。播种前秋耕壮垡，以利于蓄水保墒，改良土壤，消灭病虫杂草。耕作深度以 25~30 厘米为宜。耕后要及时耙地。结合深耕亩施优质有机肥 3 000~5 000 千克、并配施磷酸二铵 10~15 千克，硫酸钾 3~5 千克。农家肥必须充分腐熟，以免灼伤幼苗并带来杂草种子病原菌和害虫。

4. 播种与播种后的管理

（1）就地育苗

①时间：春秋两季均可播种，以秋季播种较为适宜。秋播种子在土壤中完成催芽过程，减少了冬季贮藏和催芽环节。

②架网棚：一般网棚采取南北走向，也可根据当地的立地条件因地制宜安排。为便于管理，一般棚宽 14~16 米、长 40~60 米，在地块中央南北向留出 1 米的作业道，沿作业道两边东

西向作平畦，畦宽100~120厘米，畦间留50厘米的作业道，两棚间各留出1米，用于打锚固定棚架和防虫网，建成后实际棚宽12~14米。

③播种：在畦内南北向按行距20~25厘米划线、开沟、条播，开沟深度为2~5厘米，要均匀一致。之后，向播种沟内均匀撒上种子，播种时为了防止播种沟干燥，应边开沟，边播种，边覆土。一般覆土厚度为1~3厘米。覆土后要进行镇压，播种后有灌溉条件的则不宜镇压。条播一般每亩用种量10~15千克。

④播后管理：播种后为了防止地表板结，保蓄土壤水分，减少灌溉，抑制杂草生长，防止鸟兽为害，提高种子发芽率，对播种地用塑料薄膜、细沙、秸秆等进行覆盖。塑料薄膜覆盖，增温保湿，效果较好，出苗快。当60%的苗木出土后就应及时通风、撤膜，以免灼伤幼苗。秸秆覆盖厚度以不见地面为宜，当幼苗大量出土时（出土60%~70%），应分2~3次及时分期撤掉秸秆。

⑤浇水技术：花椒育苗需水量较少。一般秋季播种，在播种后应立即灌水；春季播种，应在播种前灌足底水，播种后进行覆盖。在出苗期和幼苗生长期（6月以前），因嫩芽和幼苗怕水淹，多不灌水，若土壤干旱，可采用机械喷灌和人工喷洒，保持土壤湿润即可，切忌大水漫灌和苗圃地内积水。苗木速生期（7—8月），生长速度快，需水量较大，若遇干旱应进行灌水，灌溉时间最好在早晨或傍晚，灌水量以灌后积水时间不超过2小时为宜。

⑥松土除草：秋季播种的育苗地应在翌年春土壤解冻后立即进行松土。有覆盖的育苗地上，一般不必松土。春季播种的育苗地一般不需要松土。一般在灌水或降雨后，杂草较多时及时松土除草，全年进行4~6次。松土深度初期应浅些，一般为2~4厘米，随着苗木的生长，可逐步加深到10厘米左右，苗根

附近宜浅些，行间、带间宜深些。杂草是花椒苗的劲敌，要坚持"除早、除小、除了"的原则，以减轻杂草的为害。

⑦间苗定苗：苗宜早，应实行"早间苗，迟定苗"的原则，在苗木长到高3厘米时，就要按株距2~3厘米开始进行第一次间苗，间苗对象以生长不良、发育不健全、遭受机械损伤和病虫害的幼苗为主，第一次间苗的留苗数应比计划产苗量多50%。15天后进行第2次间苗，此时还应除去影响周围多数苗木生长的"霸王苗"，第2次比计划产苗量多20%。当苗木长到10厘米左右时，即可按株距5~6厘米进行最后一次间苗（即定苗），一般亩留苗量4万株左右。间苗应在雨后或灌水后进行。

为了弥补缺苗断垄现象，可结合间苗进行补苗。补苗用锋利小铲将过密处的苗木带土掘起，随即移栽到缺苗处。栽时注意压实，栽后立即浇水。移植补苗最好在幼苗长出1~2片真叶期的阴雨天进行，如在晴天进行，则需适当遮阴，直至成活。土壤追肥分别在6月下旬和8月中旬两次施入。6月下旬追肥的肥料以尿素、硝酸铵等速效性化学肥料为主。一次性施肥量为每亩5~10千克，8月中旬适当追施磷、钾肥。

另外，为了保证苗木质量，也可提前于2月上中旬采用营养钵或纸筒在温室中进行播种。育苗基质为草炭和细炉渣以3：1的比例配成的混合基质，1立方米混合基质中加入磷酸二铵1千克。在10厘米×10厘米的营养钵中装入3/5体积的基质，浇透水后放3粒种子，上面覆盖2厘米厚的基质。出苗后进行定苗（留1株壮苗），注意及时浇水，控制温室内温度在15~27℃。定植前7天进行低温炼苗，4月底至5月初（断霜后）定植。用营养钵在温室等保护地育苗，可比大田直播提早播种，增加苗木生长期，并且较易达到苗齐、苗壮的要求。

（2）育苗移栽技术　定植前2~3周将土地深翻，每亩施3 000~5 000千克优质有机肥、并配施磷酸二铵10~15千克，硫酸钾 3~5 千克，按就地育苗技术作畦定植，定植前 1~2 天幼苗要浇透水，起苗或脱去苗钵时要求不伤根、不散钵。定植行距 20~25 厘米，株距为 5~6 厘米，定植后及时浇定植水。

（3）一年生花椒苗木的囤栽技术　在大田培育一年生苗木，待一年生花椒苗木的叶子全部脱落，此时即可起苗进行囤栽。起苗前要浇足起苗水并待土壤稍干爽时再起苗，以免损伤过多的须根。囤栽的苗木要求挺直粗壮，主根完整，须根较多。刨出的苗木要尽量减少风吹日晒的时间，及时根据苗木的高矮将苗木分成 3 个等级（60 厘米以下；60~70 厘米；70 厘米以上），按等级将苗木囤栽，囤栽前在苗木饱满芽处短截。按育苗移栽技术整地、施肥、作畦、囤植。

5. 网棚架设

当年生花椒苗在椒苗长到 30 厘米时即可架设，9 月上中旬收网、撤棚并妥善保管。以后每年花椒萌芽前架设，9 月上中旬收网、撤棚。立柱最好每年做一次防锈处理，以延长其使用寿命。

二、芽菜的采收

1. 采收

（1）当年采收　当年生苗木长到 45 厘米左右时即可采收第一茬芽菜，一般当年生苗木可采摘 2~3 茬芽菜。

（2）以后采收　第二年春季，当日平均温度稳定在 6℃ 以上时，芽体开始萌动，10℃ 左右萌芽抽梢，一般每株苗木上从顶部往下可同时生出 4~6 个嫩芽，最多可达 10 余个。各个芽位同时生长，但以顶部芽长得最快、最粗壮。由于个体的大小、营养及光照差异，芽菜的生长差异性较大。一般待幼芽长出 6~8 片小叶、长度在 12 厘米以上时为最佳采摘时间，此时嫩芽及嫩叶淡绿色，气味芳香。

要注意及时将上部嫩芽采摘,以促进下部芽生长,每次采摘时留 2~3 片复叶,以利于花椒苗(树)光合作用,促进下芽萌发,并留 1~2 个侧芽不采,使其自然生长,辅养树体,以利于更新。

采摘下的嫩芽、叶片应逐一检查,除去部分残留的老叶、茎、刺,及时装入塑料袋或泡膜蔬菜箱中待售。

在采摘芽菜时要根据芽菜的生长情况分批、分期及时采摘,不能过迟或过早,影响到花椒芽菜的产量,一般 20~25 天采收一茬。每亩当年可采摘芽菜 100 千克左右,3 年后亩产可达 900千克以上,一次定植可连续采收十几年以上。

2. 土肥水管理

(1)合理浇水 花椒根系耐水性很差,土壤含水量过高和排水不良,都会严重影响到花椒树的正常生长。因此,花椒苗不能栽植在低洼易涝的地方,灌水时应避免树下长时间过水或积水。一般于上冻前浇一次封冻水,以增强树体越冬能力。解冻后根据土壤墒情,以保持土壤湿润但不积水为度适时进行灌水。有条件的地方最好采用水、肥、药一体化喷灌技术,这样既可以控制灌溉量,节约用水,又不易造成积水和土壤板结,同时还能增加空气湿度,适当降低棚内温度,促进芽菜生长并保持芽菜鲜嫩。一般为使幼芽生长迅速并保持鲜嫩,每日午前可进行 1 次喷雾,以喷至叶面滴水为好。

(2)科学施肥 于 9 月下旬至 10 月上旬,每亩施 3 000 千克优质农家肥、50 千克过磷酸钙、30 千克硫酸钾,结合秋施基肥进行中耕、灌水。在第一次采摘芽菜后可亩追磷酸二铵 15 千克,在生长季节可根据花椒苗生长情况结合灌溉追施 1~2 次腐熟人粪尿,并在每次采芽后叶面喷 1 次 0.3% 尿素 +0.2% 的磷酸二氢钾溶液,以补充树体营养,增强光合作用。

(3)中耕除草 一般每个生长季节结合追肥中耕除草 2~3

次，花椒根系分布较浅，不宜深锄，以免伤过多影响树体生长，发现杂草及时人工拔除。

3. 光照调节

夏季由于光照强，温度过高，蒸腾作用强，营养物质消耗量大，不利于养分积累。为给花椒树生长创造一个良好的环境，促进养分积累，要采取适当的遮光措施，避免强光照射，降低温度，减少树体营养消耗。一般在夏季晴天 10 时至 14~15 时采取遮光措施。

4. 修剪

在合理密植的基础上，必须采取合理的修剪措施，保持一定的通风透光条件，尽量减少无效叶片的营养消耗，促进光合作用。生长季节要及时除去过密的细弱侧枝条。秋季落叶后至萌芽前根据花椒苗密度和生长状况，逐年间苗，以每平方米留健壮主枝 120~150 条为宜。在枝条的饱满芽处短截，疏除细弱枝和过密枝，剪除基部 30 厘米以下的萌蘖枝和拖地枝。

三、病虫害防治

1. 清洁田园

落叶后及时清除地面枯枝和杂草并集中烧毁。

2. 预防措施

萌芽前喷施波美 5 度石硫合剂一次。

3. 病害防治

为害花椒苗木的病害主要有叶锈病，发病时叶背面出现锈红色的不规则环状或散生孢子堆，严重时扩及全叶。可于 4—5 月喷 1∶1∶100 倍的波尔多液或 80%抗菌素（402）1 000倍液或 65%的可湿性代森锌 500 倍液防治锈病及其他病害。

4. 虫害防治

虫害主要为花椒蚜虫，严重时影响植株生长和花椒芽菜质量，架设防虫网是防治花椒蚜虫的有效方法，发现蚜虫可采取黄板诱杀；根据蚜虫对灰色具有负趋性，最好使用银灰色遮阳网；也可用10%蚜克西可湿性粉剂2 000~3 000倍液或0.3%苦参碱1 000~1 500倍等化学农药交替防治。其他常见花椒芽菜的虫害还有花椒桔啮跳甲。如有发生，可于4月中下旬喷洒溴氰菊酯杀灭越冬成虫，5月上中旬喷洒辛硫磷1 000倍液，毒杀1代幼虫。注意：使用化学农药在芽菜采摘后及时进行，采摘前30天禁止使用农药，且要交替使用，每种农药在一年内只准使用一次，以免产生抗药性。

主要参考文献

琚建良，王顺平，李虹．1996．花椒主要病虫害综合防治技术［J］．农业科学技术通讯（9）：28．

刘德宝．1997．农业技术实用手册［M］．北京：中国农业科技出版社．

王瑞．1999．花椒害虫［M］．太原：山西科学技术出版社．

韦锁屯，王震，郭刘斌，等．1995．北方旱地蔬菜栽培技术［M］．太原：山西经济出版社．

魏安智，杨途熙，周雷．2012．花椒安全生产技术指南［M］．北京：中国农业出版社．

徐冠军．1999．植物病虫害防治学［M］．北京：中央广播电视大学出版社．

杨云汉，琚建良，赵雪斌，等．1994．花椒桔啮跳甲的危害与防治［J］．农业科技通讯（11）：30-31．

杨云汉．1997．花椒树的秋季管理［J］．山西农业（9）：15．

姚忙珍．2016．花椒高效栽培管理技术［M］．咸阳：西北农林科技大学出版社．

阴子龙，琚建良，赵雪斌．1998．花椒高产栽培技术［M］．北京：人民出版社．